ECOLOGICAL INTELLIGENCE

How Knowing the Hidden Impacts of What We Buy Can Change Everything

情商 5

影响人类未来的生态商

[美] 丹尼尔·戈尔曼 / 著

陈嘉宁 / 译

中信出版集团 · 北京

图书在版编目（CIP）数据

情商.5，影响人类未来的生态商 /（美）丹尼尔·戈尔曼著；陈嘉宁译. -- 3 版. -- 北京：中信出版社，2018.1（2021.12 重印）

书名原文：Ecological Intelligence

ISBN 978-7-5086-8378-2

I. ①情…　II. ①丹…　②陈…　III. ①情商－通俗读物　IV. ①B842.6-49

中国版本图书馆 CIP 数据核字（2017）第 285321 号

情商 5——影响人类未来的生态商

著　　者：[美] 丹尼尔·戈尔曼

译　　者：陈嘉宁

出版发行：中信出版集团股份有限公司

（北京市朝阳区惠新东街甲 4 号富盛大厦 2 座　邮编　100029）

承 印 者：北京通州皇家印刷厂

开　　本：880mm×1230mm　1/32　　印　　张：10.75　　字　　数：186 千字

版　　次：2018 年 1 月第 3 版　　印　　次：2021 年12月第11次印刷

京权图字：01-2009-3713

书　　号：ISBN 978-7-5086-8378-2

定　　价：59.00 元

人与自然是生命共同体，人类必须尊重自然、顺应自然、保护自然。

献 给 我 们 的 子 孙 后 代

目录

绝对透明体系会提醒消费者，哪件衣服产自模范工厂，哪件衣服产自糟糕的血汗工厂。在购物中心将这些信息公开，会在那些原本隐蔽的层面注入竞争因素。突然之间，我们可以在考虑一系列生态影响的基础之上做出购买决定，而不再仅仅考虑产品价格和质量了。在这样的市场中，生态危害小的产品销量便会提高，而血汗工厂会一败涂地。

“我们现在还处于一个无知的时代，”他告诉我，“我们知道产品的品牌和价格，觉得自己能识别出产品的质量。但其实没有人知道这些商标背后的真相，没有人知道这件产品到底对你我、对地球产生了什么影响。我们就是要揭开这些品牌的面纱，让你了解许多商家不愿意告诉你的信息。例如，产品中有哪些有害健康的成分？它的运输里程是多少？生产工人的待遇如何？”

第一章

即将来临的商品革命

前不久，我一时冲动买了一辆明黄色的玩具赛车。这辆赛车是木头做的，上面有颗绿色的球，代表驾驶员的头；两边还贴着4个黑色的圆片，代表车轮。这个小玩具只花了我99美分。我想把它送给我一岁半的孙子。我猜他一定会喜欢。

拿着玩具回到家后，我无意中看到了一篇有关油漆的报道，说的是油漆（尤其是黄色和红色油漆）中若加入化学元素铅，颜色会更加明亮，保持时间也更为持久。此外，与其替代品相比，铅的价格更加低廉，因此，玩具越便宜，含铅的可能性就越大[1]。随后我又读到了另外一则新闻，报道了一项针对1 200件玩具进行的化验。这些玩具是从多家商店的货架上随机抽取的，其中就包括我买玩具的那家连锁商店。化验结果显示，很大一部分玩具都不同程度地含有铅。[2]

虽然我不知道我买的玩具赛车上面那熠熠生辉的黄色油漆是否含铅，但我能够确定的是，一旦玩具落入我小孙子的手中，马上就会被他塞进嘴巴里。因此，几个月过去了，我一直将那辆玩具赛车束之高阁，没敢送给他。

在物质极大丰富的当今社会，每件商品的背后都隐藏着一个真实的价格。我们无法知道自己每天购买和使用的物品到底耗费了多少各式各样的成本——地球资源、消费者身心健康和诸多劳动者的汗水。正是因为这些劳动者的付出，我们才能享受舒适的生活，而无匮乏之虞。我们的生活中充斥着每天所购买、使用、丢弃、浪费或节省下来的无穷无尽的物品，其中每一件物品都有其过去和未来，都有生产过程背后的故事和最终的归宿，而这些环节都是我们无法亲眼看到的。因此，从原料的提取、配制到生产、运输，再到在我们的家庭或工作场所中使用并引发一些难以察觉的后果，直到最终被我们丢弃，这从头至尾的整个过程产生了一系列的影响。而这些我们无法察觉的影响或许才是商品最值得关注的那一面。

我们现在所采用的制造工艺和化学手段大都继承自20世纪那个比较单纯的时代。那时候，无论是消费者还是工业工程师都很幸运，不必理会或很少关心商品的生产原料会带来什么不利的影响。他们更感兴趣的是能从中得到什么好处，这也是理所当然的。他们知道煤炭燃烧可以发电，而煤炭足够人类用上好几个世纪；石油可以制造出既廉价又有良好延展性的塑料制品，而石油似乎用之不竭；人工合成的化合物层出不穷；廉价的铅粉可以让油漆更有光泽，并且更加持久。这些选择的初衷虽好，但人们忽略了这样做会给地球和人类造成什么样的影响。

说起我们平日里购买和使用的物品，虽然它们的成分和影响通常取决于人们过去所做出的决定，但依然左右着现在生产设计和工业化学方面的实践，并最终影响我们的家庭、学校、医院和工作场所。那些贯穿整个 20 世纪工业时代的伟大发明曾经创造了无数的奇迹，使我们这代人的生活比先辈便捷了许多。人们创造出了无数分子间的奇妙组合，这些组合在自然界中前所未有，令人惊叹不已。现在的这些工业流程和化学物质如果应用在过去的商业环境中当然无可挑剔，但若想实现长久的可持续发展，它们的存在已经变得不再合理。消费者和商家再也无法对这些化学物质和工业流程置之不理，也无法对它们给生态环境带来的负面影响不闻不问。

在过去的作品中，我曾经研究过如何提高我们的情商，以及如何处理好自己的社会关系（即社交商）。而这一次，我想探讨的是人类如何更加清醒地意识到我们的生活方式会产生什么样的生态影响，以及如何实现“生态商”与市场透明度的有机结合，从而建立一个可以创造出积极成果的机制。

虽然我想竭力将“生态商”这一概念阐述清楚，但我其实和大多数人一样，对此一无所知。[3] 然而，在开展调查研究和编写本书的过程中，我有幸结识了许多相关行业的业内人士，其中有企业高管，也有科学家。他们都在某一领域内掌握着过人的技术。而我们现在就急需利用这些先进技术，建立一个可以让人类共享生态商的知识库，并让这些知识指引我们做出更加明智的决定。在勾勒这一设想时，我利用自己心理学家和科技记者的身份，深入商业和制造业进行了调查，研究了神经经济学（Neuroeconomics）和信息科学等领域的前沿思想，并对一门叫作“工业生态学”（Industrial Ecology）的新兴学科给予了特别关注。

这个设想使我在 20 多年前开始着手的一项研究活动得以持续。当时我正在写一本有关“自我欺骗”的书，其中提到全世界人民的消费习惯已经让我们的生态环境明显入不敷出，其严重程度是史无前例的。究其原因，正如我在书中提到的那样，“仅仅因为我们每天在做出各种决定，比如选择购买哪件商品时，忽视了这些决定会带来的影响和造成的损失”。[4]

那时我一直在憧憬，在未来的某一天，在对某一特定产品进行制造、加工、包装、运输或回收处理时，在每一个特定的步骤中，我们都能用方便实用的计量单位精确地测量出该过程所产生的生态危害的大小。根据我的推断，如果能够了解生产一台电视机或一盒铝箔会产生的危害，我们在做出各种决定时就会更负责任地将其对地球的影响考虑在内。但到了后来，我不得不精疲力竭地承认：“找不到任何相关信息，即使是那些和生态领域最相关的人也不了解我们的生活方式会如何影响地球。因此，对这方面的忽视让我们跌入了自我欺骗的深渊，自以为我们在物质生活中所做出的相关决定，无论大小，都无关紧要。”

当年我从未听说过“工业生态学”，该学科所进行的常规研究就是生态影响，而这正是我一直以来所期待的。工业生态学是融合化学、物理学、工程学与生态学的前沿学科。它把这些领域结合在一起，将人造产品对大自然的影响进行量化。就在我期盼这一学科问世的时候，它其实一直处于酝酿过程之中，只是尚未成形罢了。20 世纪 90 年代，美国国家工程学院的一个工作组正式创立了这一学科。紧接着，第一期《工业生态学期刊》也于

1997年出版。而那一年距离我开始盼望其出现的时间，已经过去十几年了。

其实工业系统在许多方面都类似于生态系统，工业生态学正是以这一思想为基础的。以商家之间买卖的商品为例，它们的原料取自地球，随后被提炼、加工成产品。在这个过程中，通过各种“新陈代谢”所进行的物质、能量的摄取和释放就可以作为一种计量标准。从这个意义上来说，工业系统也可以被视为一种生态系统，而且会对其他各种生态系统产生深刻的影响。这一学科所研究的课题十分广泛，包括评估每个工业过程所释放的二氧化碳、分析磷元素在全球范围内的流转、研究如何通过电子追踪方法来精简垃圾的回收利用程序，以及丹麦流行豪华浴室会产生什么样的生态影响等。

同时我也清楚地看到，工业生态学家正和环境卫生等前沿领域的科学家一道，引领着一股即将悄然而至的思潮。只有具备了这样的生态意识，我们才能齐心协力保护我们的地球和同胞。如果那些现在只有工业生态学家等专家才掌握的知识能为广大民众所了解，那将是怎样一幅景象！这样一来，这些知识就可以通过学校传授给孩子，公众可以通过互联网轻而易举地获取这些知识，并用来评估我们所购买和生产的物品，[5]或者在购物前加以参考。

无论你是个体消费者、企业采购人员还是品牌管理人员，倘若你了解自己所购买或销售的产品的实际影响，或者可以像工业生态学家那样对其进行精确测量，你就可以做出更加符合自身价值观的决定。这样，我们就可以齐心协力造就一个更加光明的未来。

相关数据的获取方法也即将问世。随着人类对这一关键技术的掌握，我们将要迈入一个全新的时代——我称其为“绝对透明时代”。

在这样一个时代，每件商品与其碳足迹、可疑化学物质、工人待遇等因素之间的联系都会转换为系统的影响力，而且影响力的大小还与商品的销量相关。“绝对透明”的实现将开创一个广泛应用高科技的新时代。到那时，海量数据都要依靠软件进行管理，而且以方便公众抉择的形式显示出来。一旦我们了解自己购物决定的真正影响，我们就可以利用这些信息和技术，加速人类社会向美好未来的转变。

目前，我们已经在个别产品的高质量评估数据的基础之上制定了一系列生态标准。但绝对透明时代的下一轮变革将会更加彻底，不仅波及范围广泛，而且来势汹汹。为了使那些海量信息能有用武之地，绝对透明体系一定会披露那些我们以前一直无从得知的信息，并且披露的方式会更加全面、更加有条理。在掌握了准确的目标数据后，一系列由消费者利益驱动的转变就会源源不断地在商业领域里广泛扩散开来——从最遥远的工厂直至社区电网，为市场竞争开辟一个全新的天地。

绝对透明的体系会公开我们所生产、购买、销售和丢弃的商品的影响，而这正是大多数企业不希望公众知道的。这一体系将重塑市场环境，使其更好地容纳那些即将问世的涉及领域广泛、更加清洁与环保的技术和产品，同时也为我们实现这一转变注入更强大的动力。

生态领域的全面公开会开创一条人类从未尝试过的全新的经济道路，那就是在衡量商品的生态影响时，也要像制作财务报表那样提出“高透明度”的要求。这样消费者才能了解到足够的信息，可以像股票分析师衡量公司盈亏状况那样考虑自己的购物选择；同时也能使公司决策具有更高的透明度，从而更好地履行公司的社会责任，实现可持续发展，并且更准确地预测市场走向。

本书从我与工业生态学家的交谈开始，记录了我逐步深入了解这一领域的过程。我和他们讨论了许多产品的生产流程，发现即便是制作工艺最简单的产品，生产过程也极其烦琐。我们还讨论了这门新兴学科会利用哪些手段记录下产品生产的各个步骤对生态环境、人类身心健康和社会的影响。随后我还分析了大部分信息不为人知的原因以及提高人类生态商才是万全之策的理由，即为什么人类应当共同认识到产品背后隐含的生态影响，以及如何掌握有效的改进措施和手段等。

此外，我还在书中介绍了提高生态商的方法，包括让消费者掌握与生态影响有关的数据等。我还采访了绝对透明技术的创始人，紧接着提供了一系列例证，证明这些措施将改变市场占有率情况，使各家公司更加清晰地认识到，改善生态环境可以使它们获得更大的竞争优势。针对这一点，我举了一个实例，一次与工业原料有关的争议。此外，根据大脑研究专家对人类消费选择的研究，我们还可以看出为什么消费者对产品生态影响的情绪反应会影响该产品的销量。

最后，我将视角从买方心理转向了卖方策略，并和各行各业的企业家进行了多次交谈。他们都站在这场即将涌现的浪潮的尖端，已经改变了公司供应链的管理模式，以改善产品的生态影响。因此，他们的企业在进入绝对透明市场后一定会实现蓬勃发展。这些高管都已经认识到，从情感层面来说，发展良好的企业就意味着要拥有良好的客户关系，而通过多种途径表明本公司对生态环境的关注可以让客户和消费者产生被关怀的感觉。在此，我的任务便是让商家重视这股新浪潮，因为它会让那些继续推崇人造化合物的公司葬身商海。

对“保护地球，从我做起”之类的口号，我们已经耳熟能详。不要开车，多骑自行车，使用新型节能灯泡，回收利用废旧瓶子，以及其他一些纯属举手之劳的环保行为。所有这些为了保护环境而养成的习惯都值得称赞。如果我们当中有越来越多的人能做到这些，那么我们在环境改善方面一定会取得更加显著的成效。

我们能做的不仅这些。在购买大多数商品时，我们都很容易忽略它们的实际影响。倘若我们审视过一件商品的整个生命周期，例如那些自行车、灯泡、瓶子以及其他物品从制造出来到回收处理整个过程中潜在的生态影响，我们一定会立即采取有效的行动。也就是说，如果我们对周遭物品的影响有更加深刻的认识，并以此来引导自己的购物选择，那么我们就可以产生更加广泛的影响，进而波及整个工商业领域。

这样一来，机遇之门就会向我们开启，让我们拥有诸多造福未来的机遇。对消费者而言，这一非同凡响的机制会让我们保护地球和人类免受商业危害的集体意愿变得更加强烈；就商业领域而言，消费者的价值观与购物选择强有力的结合将会促成一个全新竞争市场的确立，各商家会在其中进行激烈的角逐。这一经济机遇比当今倡导的“绿色”市场更加合理、更有前途。也许我们单靠购物无法摆脱当前的危机，但绝对透明体系为我们提供了一条可以改变一切的途径。

我们一天到晚都会获得许多令人沮丧的信息——全球变暖、日常生活用品中有毒物质的危害，以及让大家在为时已晚之前做出改变的号召等，但翻来覆去谈论的都是我们再熟悉不过的话题：气温升高、飓风愈加猛烈、旱灾更为严重、某些地区沙漠化现象严重，还有一些地方阴雨绵绵不绝。有人预测，在今后的大约 10 年中，全球粮食问题及水资源短缺现象将继续升级，而墨西哥湾的“卡特琳娜”飓风只不过是个开始，环境的恶化必定会导致全球越来越多城市居民的疏散。

同时，还有一个日益强大的声音在告诉我们，日常生活用品中含有的合成化合物会渐渐危害我们和孩子的身体健康。令人毛骨悚然的有毒物质远不只是玩具中含有的铅。那些声音警告我们，用于硬化或软化塑料的化合物中所含的致癌物质几乎可以渗透到我们身边的所有物质当中，包括医院里使用的静脉输液袋和学习游泳时用的浮板，唇膏中的软化剂也会对人体健康产生危害。此外，我们在遭受电脑辐射的同时，也难以避免打印机释放出来的毒素。整个人造世界似乎正在熬制一种化学药剂，慢慢侵蚀生态系统，也就是我们的身体。

所有这些危害的罪魁祸首都是同一个群体，那就是人类。我们的行为是这场迅速恶化的危机的主要原因，而这场危机的最终受害者亦非他人，依旧是你我。

我们集体陷入这场灾难之中，我们的行为残酷地威胁着人类生活的生态家园。在今后的几十年甚至几个世纪里，我们长久以来形成的行为习惯依旧会持续下去，不会戛然而止；渐渐渗透进水源和土地中的有毒物质以及日益增多的温室气体，会在今后很多年内对地球和人类造成不可磨灭的影响。

这种灾难性的场景很容易让人类对未来失去希望，甚至产生绝望的情绪。毕竟，我们当中又有谁能够阻挡人类浩浩荡荡的大规模行动的步伐?

但我们不能任由这场灾难继续下去，我们阻止得越早，造成的损害就越小。如果我们能够细致地分析自己在危害地球家园过程中的所作所为，我们就会发现，只要循序渐进地做出一些简单的改变，我们就可以放慢甚至停止这场灾难前进的步伐。

作为个体消费者，在面对五花八门、种类繁多的消费品时，我们会犹豫不决，很难做出选择。这些消费品的种类取决于工业工程师、化学家和发明家的决定，而那些决定从时间和空间上来说似乎都距离我们十分遥远。我们表面上具有选择的权利，其实完全被看不见的手控制着。

从另一方面来说，如果我们掌握充分的信息之后再去做决定，选择的权利就从卖家转移到了买家手中，无论其是家庭主妇还是为个人或组织代购的采购商或品牌经理。我们不再是被动的受害者，而是成为自己命运的主宰者。只要去商店，我们就能用手中的货币为自己青睐的产品投上一票。

只要坚持这样做，我们就能让那些生产人类未来所需产品的公司拥有全新的竞争优势。那些基于充分信息所做出的选择也会对当今的工程师、化学家和发明家提出新的要求。我坚持认为，这股市场动力一定会拉动产品创新的需求，而每一次创新都是一次创业机会。这样一来，人类生态商的提高会将市场推向繁荣的顶峰，让所有商品的制造方法向更好的方向转变。各种全球危机，比如飞速上涨的油价，也会为人类创造出新的合作机会，即通过彻底转变成本方程的方法来寻找升级的生态燃料，这使寻找有效替代品的任务变得更加紧迫。

随着信息和数据的掌控权从卖方转移到买方手中，各家公司也会提前做好充分的准备，以应对信息风暴的变化。20 世纪的头号商业法则——“越便宜越好”——已经被一项新的成功定律取代，那就是“越持久越好、越健康越好、越人性化越好”。现在，我们将逐步了解如何将这一定律付诸实践。

第二章

“绿色环保”只是海市蜃楼吗

在5世纪的印度佛教典籍《清净道论》中，提出了这样一个问题：[1]准确地说，我们称之为“双轮战车”的东西到底位于何处？是在车轴上、车轮里还是车架上？或是车辕上？

这个问题的正确答案是：都不是。我们所说的“双轮战车”指的是组装起战车的所有零件的暂时组合，其本身并不存在，只是一种虚幻的形象罢了。

古代佛教典籍从这一角度深刻剖析了令人难以捉摸的“自我本性”问题，说明其既不存在于我们的记忆之中，也不存在于我们的想法、感觉、知觉或行动中。（这一分析方法比现代自我解构哲学思想早了15个世纪。）这种洞察方法也可以应用到游戏机、搅拌机以及其他任何人工制造的物品上，每一件物品都可以分解为大量的组合零件以及制造步骤。

我们把工业工程师对商品的解构称为“生命周期评估研究”。运用这一研究方法，我们可以把任何商品系统地分解为构成该商品的零件以及工业生产的步骤，并以近乎外科手术的精密程度分析商品从最初的生产步骤直至最终的回收处理这整个过程对大自然造成的影响。

“生命周期评估研究”的开始自然而然。最初的研究是在20世纪60年代由可口可乐公司进行的，目的是比较塑料瓶和玻璃瓶各自的优缺点，并将废瓶回收的益处进行量化。随后，这一研究方法慢慢地应用到了其他工业领域。时至今日，越来越多的品牌公司在产品设计或制造过程中开始运用这一方法，甚至很多国家的政府也用这种方法对企业进行管理。

生命周期评估方法是由一个自由组织创造出来的，该组织成员包括几位物理学家、化学家和工业工程师，目的在于详细记录生产制造过程的诸多细节——使用了什么原料、消耗了多少能量、产生了何种污染、释放了什么有毒物质、具体数量是多少……整个冗长烦琐的生产链中每一个基本步骤都要进行测量。古老佛教典籍中那个关于战车的问题列举出了一些制造零件，如今，对MINI Cooper汽车的生命周期研究也可以将其分解为数千个零件，就好像控制电气系统运行的各个电子元件一样。正如战车可以分解为几个主要的构成部分，这些电子元件也可以解构为各种各样的导线、塑料和金属。将这些元件依次连接起来的链条再组合在一起，从而进行原料提取、制造、运输等环节。这些元件控制着汽车的仪表盘、电子扇、雨刷、灯、点火系统和引擎等的运行。具体到每一个元件，又可以进一步分解为上千个独立的工业步骤来加以分析。总之，这辆小汽车的生命周期研究可以包括数十万个独立单位。

为我介绍这一领域的人是格雷戈里·诺里斯（Gregory Norris），哈佛大学公共卫生学院的工业生态学家。他拥有麻省理工学院的机械工程学位和普渡大学的航空工程学位，曾经作为研究航空结构的航天工程师为美国空军工作过多年。他的资历无可挑剔，并且爽快地承认："生命周期研究工作并非只有顶级科学家才能进行，当然我的能力的确不错。因为这项工作主要就是进行数据记录。"

通过细致入微的分析，我们制定了一系列测量单位，可以测算出一辆汽车在整个生命周期——从生产到报废的过程中产生的有害影响，比如消耗的原料、能源和水，产生的光化学臭氧，对全球变暖的影响，排放到空气和水源中的有毒物质，以及带来的有害垃圾等。[2] 生命周期评估可以揭示汽车从生产到报废的整个生命周期中所排放的污水量，以及驾驶过程中所排放的废气。

另一个可以用来解释工业步骤性质的恰当比喻是 8 世纪一篇中国古文中描述的玉皇大帝的天网。[3] 那篇文章告诉我们，在玉皇大帝居住的天庭中，有一张可以覆盖四面八方的神奇天网。这张网上的每一个节点处都镶嵌着一颗光彩夺目的宝石，宝石的切割十分精细，每一个切面都能映出这张网上其他所有宝石的样子。因此，这张无边无际的天网上所有的宝石相互间都有联系，每颗宝石都能映照出其他所有的宝石。

各种天然及人造的系统，例如各供应链之间及其内部都存在着无尽的联系，而天网这一形象就可以生动地表现出这种联系。诺里斯带我参观了玻璃器皿，也就是那种盛放果酱和意大利面酱汁的玻璃瓶的生命周期评估过程。我们最终走到了一个像迷宫一样的网状图面前，上面显示着原料、交通、能源供给之间的相互关联，密密麻麻，似乎永远没有尽头。生产这种盛放果酱（或者任何相似的需要用玻璃容器盛放的东西）的瓶子需要来自几十家不同供应商的原料，包括硅砂、氢氧化钠、石灰石和其他许多无机化学物质。同样，能源供应商的服务也不可或缺，比如天然气和电能。而每一家供应商又要从别处购买原料，拥有几十家自己的供应商。

自古罗马时代起，玻璃的基本制作工艺就没有发生过大的改变。如今，依靠燃烧天然气供能的大熔炉需要一天 24 小时保持 1 093 摄氏度的高温，才能将石英砂熔化，制作成窗户玻璃、玻璃容器和手机屏幕。实际上，玻璃的制作过程远没有那么简单。玻璃罐制作过程中最重要的步骤有 13 个，由 1 959 个独立的“基本步骤”组成。整个生产链上的每一个基本步骤又包括数不清的次要步骤，每一个次要步骤又是数百个加工过程的结果。依此类推，这样的链条似乎永远没有尽头。

我请求诺里斯再给我讲解一下其中的细节。他说：“我们就以氢氧化钠的生产为例，这个过程需要氯化钠、石灰石、氨水这些原料，还需要燃料和电能，然后得把这些原料运输到加工厂。而氯化钠本身的生产又要包括原料的开采和水的应用，还需要其他原料、设备、能源和运输等。”

“由于每个步骤都关联到其他许多步骤，”诺里斯说，“我们需要以一个新的视角来看待问题。”

还有一种看法是，虽然与玻璃罐的供应链相关的不同连接看起来似乎永无止境，但它们最终都能连接到之前的其他连接。正如诺里斯所说的那样：“如果你将玻璃罐供应链上的 1 959 个连接全部审视一遍，你会发现有许多反复循环的连接，这个链条似乎会一直持续下去，只不过是一个渐进的过程。”

对这种重复性的环形连接，诺里斯举了一个简单的例子。他解释说：“制造钢铁需要电力，而建造并维持一座电厂则需要用到钢铁。你可以实事求是地说这个循环是反复进行的，没有尽头，但如果往源头追寻就会发现，越是靠近上游，那些工业步骤的多余影响就越小。”

看来，“天网”这一比喻在工业系统中也有不适用的时候，就像神话中那条可以咬住自己尾巴的衔尾蛇一样。这条衔尾蛇代表着永远重复进行或自我创造的事物的循环或更新。[4]

在工业过程中，衔尾蛇还可以象征一种“从何处来，回何处去”的理想式概念，即一件产品中使用的所有原料都应经过特殊加工，以便回收后可以进行生物降解，变为大自然可以重新吸收利用的化合物或者其他产品的制作原料，也就是说，经过回收后还可以继续用于制造其他产品。这样的模式与现行的“从生到死”模式形成了鲜明的对比。在如今这种模式下，一件废弃产品最终只能堆在垃圾掩埋场里，向大自然释放毒素，制造出新分子或其他什么噩梦。

在与诺里斯进行虚拟会议时，我可以一边和身处缅因州的他通过电话交谈，一边在马萨诸塞州看着自己的电脑屏幕，上面显示的内容与他电脑屏幕上显示的一样。就在我们交谈的过程中，那些有关战车、天网和衔尾蛇的形象自然而然地出现在了我的脑海中。通过分析生命周期评估的过程，玻璃罐的供应链上将近 2 000 个连接中的每一个都变成了一扇窗户，展现出了相应步骤对人体健康、生态系统、气候变化和资源消耗等方面的影响。

制造一个玻璃罐需要使用供应链上游的数百种物质，其中每一种都会产生不同影响。在制造过程中，大约有 100 种物质被排放到了水里，50 种渗透进了土地。在释放到大气的 220 种不同气体当中，玻璃罐对人体健康造成的潜在危害有 3% 要归咎于玻璃制造工厂中原料氯化钠的使用，对生态系统造成的危害也有 6% 来源于它。

在玻璃制造过程产生的负面影响中，对生态系统的另一种占到 16% 的威胁源于熔炉的能源供给，单是对气候变化产生的负面影响中就有 20% 源于玻璃制造厂所需电能的供给。总的来说，玻璃罐制造过程中释放出的温室气体有一半来自玻璃厂，另一半来自供应链的其他环节。玻璃制造厂释放到空气中的化学物质包括大量的二氧化碳和一氧化氮，原因在于燃烧了极少量的镉和铅之类的重金属。

在列举一千克包装用玻璃所需原料的清单时，我们发现整个生产过程的各个步骤用到的原料多达 659 种。这些原料种类繁多，包括铬、银和金，还有氪和异氰酸之类的不稳定化学物质，以及具有 8 种不同分子结构的乙烷。

这样的细节让人有些难以接受。诺里斯说："这就是为什么我们要进行影响评估工作，这样我们就能将其加以总结，制定出一些信息指标。"例如，我们想知道玻璃制造过程中生成了哪些致癌物质。生命周期评估结果就会告诉你，罪魁祸首是芳香烃，而其中人们最熟悉的就是挥发性有机化合物了。由于它们的存在，油漆和乙烯基塑料浴帘会散发出刺鼻的味道。在玻璃制造过程中可能导致癌症的诱因里面，这些化合物的影响占到了 70%。

然而，这其中没有任何一种物质是在玻璃厂直接产生的，全都来自供应链的某个环节。针对玻璃罐的生命周期评估中的每一个步骤都是分析其影响的依据。根据分析结果，玻璃罐致癌的诱因中有 8% 来源于和建设、维护工厂有关的挥发性有机化合物；16% 来自工厂燃烧熔炉所需天然气的生产制造；31% 源于运输过程中用于包装玻璃的高密度聚乙烯塑料。

这是否意味着我们不应该继续使用玻璃容器盛放食物呢？当然不是。起码玻璃不像塑料那样会向液体中渗透有毒化学物质，而且可以反复回收利用。

但在诺里斯带我参观了玻璃罐生命周期评估过程中的重要步骤后，一个事实让我感到极为震惊——通过这些烦琐步骤生产出的玻璃罐中只有 60% 是可以回收的。

我问诺里斯，从那 60% 的玻璃当中我们到底能够获取什么呢？他回答说，只有一个目的，那就是回收的玻璃可以替代一部分新制造玻璃，这样就节省下了需要提取、加工和运输的相应重量的原料。“当然，回收后的玻璃依然需要加工和运输，但总体来说，玻璃回收还是可以带来益处的。”他这样向我保证，随后又举了一个例子：“每生产出一吨玻璃，可回收部分的 28% 就可以节省下约 1 892 升的水，并可以减少向大气中排放 7.46 千克的二氧化碳。”

虽然玻璃可以回收利用，但制造过程所带来的其他各种影响依然难以避免。这让我们对“绿色环保”这一概念的认识发生了转变，从一种“非此即彼”的简单判断——“要么环保，要么不环保”——转变为一种错综复杂的深层思考。每个产品都包含各种各样千差万别的因素，每一个因素都会在不同方面展现出略好或略坏的影响。在此之前，我们从未有过现成的研究方法可以用来记录、梳理和展示各种产品从原料提取、制作、使用到回收整个过程中各个环节与步骤之间复杂的关联，也不可能将每个步骤对生态系统——无论是环境还是人体——的影响加以总结。

关于这一点，我们再来看看英国著名时尚设计师安雅·希德玛芝（Anya Hindmarch）设计并限量发行的两万个手提包吧！希德玛芝的设计灵感来源于一个与她联系的慈善机构，该机构的名称叫作“我乃我所为”（We Are What We Do）。她决定利用自己的时尚平台引起公众对“拒绝使用塑料购物袋”的关注。[5]她的确做到了。

> 希德玛芝设计的手提包往往只在价格不菲的精品店里销售，但这次定价为15美元的环保手提包在超市中出售。深夜两点钟，热情高涨的消费者就在英国定点超市的门前排起了长队。[6]到上午9点，手提包宣告售罄。后来，该手提包在曼哈顿的旗舰店上市，30分钟就被抢购一空。等到手提包出现在中国的香港和台湾，销售现场甚至由于人群过于拥挤出现了踩伤事件，因此北京和其他几个城市的发售均被取消。在英国，每当展开全国性的针对回收利用的高标准的讨论时，人们总是不厌其烦地提起这款手提包。

希德玛芝开展的这一时尚生态活动从某个方面显示出，合理的生活习惯和产品可以促使我们改变自身的行为，而且我们必须改变。我们每次购物后拎回家的塑料袋对生态环境来说都是一种灾难。仅在美国，每年就要用掉880亿只塑料袋。从圣保罗到新德里，你在任何地方都会发现这个庞大家族的成员在微风中飘荡。它们简直无处不在——无论是灌木丛的树枝上还是排水沟里，到处都有它们的身影。如果动物误吞入塑料袋或被困其中，严重时会危及生命。但塑料袋最大的危害还在于，它至少要经过500—1 000年才能被完全分解掉。

这并不意味着纸袋就更为环保。根据美国环保局的统计，与塑料袋相比，纸袋的制造过程要消耗更多的能量，污染更多的水源。至于到底应该使用纸袋还是塑料袋，我们只能说双方各有利弊。例如，塑料袋100%可以回收利用，但在美国实际上得以回收的塑料袋只有1%。

目前较为前沿的一项生命周期评估研究是1991年刊登在《科学》杂志上的一项研究。它分析了分别以纸和塑料作为原料制作热饮杯的优缺点，[7]这比我们之前的比较研究更加复杂。制造一只纸杯要消耗33克木材，而聚苯乙烯做成的杯子要使用4克石油或天然气，都需要大量的化学物质。（该项分析研究暂不考虑对人体健康状况的影响。）制造纸杯所消耗的电能是塑料杯的36倍，产生的废水是塑料杯的580倍，其中还含有一定量的污染物，比如氯。从另一方面来说，制造塑料杯的过程会产生一种叫作戊烷的气体，从而导致温室气体的增多。除此以外，纸杯在垃圾掩埋场进行生物降解时还会释放甲烷。若此项分析研究的重点从对环境的影响转移到对人体健康的危害上，研究过程就更为复杂了。

话说回来，对“用纸袋还是塑料袋”这一问题最明智的回答应该是：“都不用，我带了自己的购物袋。”在全世界许多地方，这已经成为公认的行为准则了。顾客要么花钱购买商店的购物袋，要么带上自己的购物袋。美国的商店也已经普遍实施了这一做法。但生命周期评估又带来了另外一个问题：我们随身携带的那个购物袋又会产生什么影响呢？

在制作那款环保手提包时，希德玛芝的公司为使其尽可能地环保，花费了大量的心血——生产手提包的工厂要获得官方认证，保证公平工资、不雇用童工、为抵消其生产和运输的负面环境影响购买碳关税，且售价与成本价相当。希德玛芝甚至尝试过公平采购棉花作为原料，直接从小农户手中购买，但由于凑不足量随后放弃，转而使用有机种植的棉花。

然而，我们仍然忍不住想知道，这样一个模范手提包的生命周期评估会揭露出它对环境具有何种危害，或者说它还有何改进空间。

"绿色环保"绝非表面文章

希德玛芝那款帆布包上印着一句响亮的口号——"I'm NOT a plastic bag"(我不是塑料袋)。这句话玩了一个文字游戏。1929年，比利时超现实主义画家雷尼·马格利特(Rene Magritte)曾经画过一支烟斗，下面用法语写着"Ceci n'est pas une pipe"，意为"这不是一支烟斗"。那幅画的标题是"形象的叛逆"，强调了画家想要表达的内涵，即影像并非人眼所见的实物，而实物本身也并非表面看起来那样。

有一天我在商店买了一件挂在显眼位置的T恤衫。这件T恤衫的标签上自豪地印着这样的话："100%有机纯棉——让世界变得与众不同"。

这句话对错参半。

首先，其正确之处在于，种植棉花时不使用杀虫剂会带来益处，[8] 因为人类对棉花这类作物所使用的杀虫剂占到了全部用量的10%。为营造出能让脆弱的棉花幼苗正常生长的土壤，农户会对土壤喷洒杀虫剂(与人体中央神经系统损害有关)，以除掉会与棉花抢夺营养的草以及有可能吃掉棉桃的昆虫。

一旦土壤中喷洒了杀虫剂，5年之内都不会出现昆虫，甚至都不会再有蚯蚓，而蚯蚓对恢复土壤肥力是至关重要的。除此以外，在采摘棉花之前，还会通过作物喷粉机在棉花地里喷洒除草剂。然而，大约一半的除草剂都流入了附近的河流和田地。既然我们已经了解了喷洒农药的危害，那么毋庸置疑，种植有机棉花当然有利于保护环境——至少现在如此。

种植棉花也有弊端。例如，棉花喜水，水的需求量大得惊人。要种植出制作一件T恤衫所需的棉花一共需要2 700升水。咸海最终变为沙漠的主要原因就是该地区棉花农场对灌溉水源的大量需求。就连翻耕一下土地都有其自身的生态系统影响，因为这个过程会释放二氧化碳。

我买的这件有机棉T恤衫被染成了深蓝色。棉线经过漂白、染色后沾染上了各种工业化学物质，包括铬、氯和甲醛等，不同程度地含有各种毒性物质。更糟糕的是，棉花很难上色。在染色过程中，大量的染料被冲洗进工业废水，排放到了当地河流或地下水中。一些广泛应用的纺织品染料中还含有致癌物质。流行病学家早就已经了解到，在染料工人当中，患白血病的概率非常高。

那件T恤衫的标签就是“绿色营销术”的典型代表，以为在标签上列举出一两项该产品与众不同的优良特质就能赋予整件产品神圣的光芒。然而，针对其潜在影响的更全面的分析可以从诸多方面显示，这件T恤衫并不像它所标榜的那样环保。虽然一件有机棉T恤衫的确很好，但我们尚未了解其不利于环境的一面。因此，该“有机”标签充其量只能说明制造企业朝着发展成为对社会更负责任或实现可持续发展的企业迈出了第一步，往坏处想的话只能算是一种营销伎俩。

自从快餐连锁店“甜甜圈”宣布，今后该连锁店所生产的所有面包圈、牛角面包、松饼和饼干都不再含有脂肪之后，该公司开始和食品业中其他几家大公司一样，想让自己生产的食品变得更加健康一点。这里最关键的一个词是“一点”。那些将自己标榜为“零脂肪含量”的糕点实际上依旧是奶油、糖和高筋面粉等原料的组合。营养学家曾经对超市里上万种食品的成分进行过调查分析，最终发现大多数将自己归类为“健康食品”的食品都名不副实。[9]

从市场营销的角度来看，突出T恤衫的有机棉成分或者面包圈的“零脂肪含量”特点的确可以使这个商品蒙上一层神圣的光辉。广告商在兜售产品时当然也会突出其一两处闪光点，提高产品的吸引力。加大宣传攻势而非提高产品质量，这早已成为各商家惯用的市场营销手法。

但这一引人注意的诱饵成功地转移了消费者的目光，使他们不再关注某件产品存在的缺陷。T恤衫上的染料依旧含有危害人体健康的物质；所谓的“零脂肪含量”面包圈依旧含有大量的脂肪和糖分，让人进食后血糖含量上升。然而一旦我们将注意力集中在T恤衫和面包圈的闪光点上，我们就会毫不犹豫地把它买下，并且对自己的选择感到十分满意。

因此，“漂绿”①的行为只会让人产生错觉，以为自己购买的是质量优良的产品。这样的产品其实都被“绿色环保化”了，只是略加包装，做了些“有益生态环境”的表面文章罢了。

当然，朝着“绿色环保”迈出的每一小步都值得我们肯定与称赞，但我们对所有环保产品都表现出狂热的迷信代表着我们进入了一个过渡期。这时人们逐渐有了环保意识，但还缺乏准确、深刻、清晰的理解和分析能力。现实生活中所有标榜为“绿色环保”的产品其实都只是海市蜃楼或者言过其实的宣传。我们不应该再仅仅因为一件产品的个别优点就将其称为“绿色产品”，这样的时代应当成为过去。如果一件产品仅仅有一个过人之处就可

---

① 漂绿（Greenwash）一词来源于英文中“绿色”（green）和“漂白”（whitewash）的合成，用来说明一家公司、政府或组织以某些行为或行动宣示自己对环境保护的付出，但实际上是反其道而行之。——编者注

以称为环保产品，从而忽略它数不清的缺点，那么这和魔术师变戏法有什么两样呢？

那件“伪环保”的T恤衫并不是唯一的例子。曾经有一项针对1 753种所谓“环保”产品的调查。[10]这1 753种产品都是从大型超市的货架上随机抽取的。其中一些产品仅仅注重宣传个别特点，例如某品牌的打印纸宣称含有可回收纤维或者无氯漂白，却忽略了造纸厂普遍存在的几大环境问题，包括纸浆原料是否来自可持续发展的林地，生产过程中产生的大量工业废水在排入江河之前是否进行了净化；还有些办公用打印机针对其高效能特点进行宣传，却没有提到它其实会影响室内空气质量，而且无法与可回收墨盒和纸张相匹配。换句话说，该打印机最初的设计目的并非从头至尾秉承“绿色环保”的宗旨，仅仅是解决了一个技术问题而已。

当然，相对来说，有些产品、建筑材料和能源的品质的确更加优良、更加环保。我们可以选择购买不含磷的洗涤剂、有毒物质含量较少的地毯或者天然生竹木制造的地板，甚至使用风能、太阳能或其他可再生能源。所有这一切都会让我们相信自己做出了明智的选择，让我们自我感觉良好。

这些“绿色”的选择固然有益，但也很容易让我们忽略这样一个事实——我们现在所认识的“绿色环保”的概念仅仅是个开始。对所有人造产品来说，与它们数不尽的负面影响相比，这点优点几乎不值一提。放眼未来，我们现在对“环保”的定义只能算是目光短浅的表现。

格雷戈里·诺里斯说：“极少会有环保产品进行系统的评估测试，看看它到底对环境有何益处。首先就要进行生命周期评估，但罕有人做。”也许某种产品中有几千件会进行严格的影响评估测试，他补充说：“但这只是极少的一部分，卖出去的产品可能会有数百万件，而且消费者对各个工业步骤之间的内部联系也知之甚少。”更不用说它们会带来的各种各样的影响了。

诺里斯总结说：“我们定义‘绿色产品’的门槛太低了。”目前，我们所认识的“绿色产品”仅仅集中在某一个层面，却忽略了产品多个层面的各种影响，而这些影响可能会让表面上看起来最环保的产品相形见绌。正如任何产品的生命周期评估所显示的那样，每一件人造产品都会含有一种或几种微量的有损生态环境的物质，而这种物质的来源都可以追溯到工业供应链中的某个环节。每件人造产品都有着数不清的影响，单单关注一个问题不可能改变其他方面的影响。

我认识一位出版商（不是我的出版经纪人），他想出版一本尽可能“绿色环保”的书。他使用通过环保的氧化方法生产的纸张而不是大量使用氯漂白出的纸张，还购买了“能源补偿税”。这种税和风电厂对印第安人居留地的补偿类似，对印刷该书所消耗的能源进行补偿，但他还是遇到了难题。“油墨就是个很大的问题，”他告诉我，“印刷用油墨的原料多是合成化学物质，本身就有毒性。而且一版书印刷完后就要用水冲洗机器的油墨辊，然后将废水排出工厂。现在他们正在尝试回收过量的墨水。如果墨水是水墨就能做到这一点。如果是油墨，就要使用一种溶剂才能洗掉，而这种溶剂也是有毒的。现在流行使用一种大豆油墨，比其他油墨环保，但这种油墨其实只含有 8%—10% 的大豆，其余的成分和其他油墨别无二致。如果我要印图，还需要用四色油墨工艺，而其中只有三种能达到大豆油墨的标准，第四种油墨当中的大豆含量还达不到 8%。因此，我根本就无法印出绝对环保的书。”

的确如此，任何工业出品的东西都不可能实现绝对“绿色”，只是程度的高低有所不同罢了。“天网”的比喻提醒我们，生产过程中的每一个制造步骤都会给自然系统带来各种各样的影响。正如一位工业生态学家说的那样：“‘环保’一词就不应该使用，任何人造产品都不能完全做到这一点，环保只是相对的。”

价值链的概念就忽略了工业的负面影响。“价值链”主要是评估在一件产品的生命周期中——从原料的提取到商品的生产制造再到出售，它的价值在每一个环节是如何增加的。但价值链的概念忽略了这个等式中很重要的一部分。虽然它记录下了每一个环节所增加的产品价值，但忽略了每一个环节由于带来负面影响所导致的价值减少。而在产品生命周期评估中，对同样一条链条，每一个环节都记录下了产品对环境和公众健康的负面影响。这样一个显示公司或产品生态缺点的工具也许应该被称为“贬值链”（价值减少链）。

这样的信息具有重要的战略意义。生命周期评估过程中每一个出现价值减少的环节都为我们提供了改进产品的总体生态影响的机会。通过分析产品价值链中的价值增加和减少，我们在进行商业决策时就可以具体衡量自己的决定，以增加价值增长的次数，减少价值减少的次数。

等到未来的某一天，当每一个行业中的领军企业和越来越多的消费者都能极力呼吁绿色环保时，我们才能更好地理解在产品的供应链和整个生命周期中每一个环节减少生态影响的意义所在。“绿色”是一个过程，而非某种状态。我们应该把“绿色”看成一个动词，而不是名词。这种语义上的转变可能会让我们将注意力更好地集中在行动上。

第三章

令人震惊的环保真相

先让我们在脑海中想象一下这幅场景——首先想象蒙着双眼的公正女神的经典形象，她的手中托着一台带有两个托盘的旧式天平。假设在一个托盘中放上你平时一个月里通过回收利用废品、使用绿色产品、参加其他引起社会关注的环保公益活动所带来的益处，而另一个托盘中放的是根据工业生态学家的评定标准，你在同一个月里所购买的其他物品和所做的其他事情产生的有害影响——包括你的驾车里程，你所购买商品的生产、运输和处理过程的潜在影响，以及你用过的打印纸等。

令人遗憾的是，我们每一个人（除去那些严于律己到令人难以置信的地步的人们）所带来的有害影响将远远超出有益的方面。正如生命周期评估数据所显示的那样，在如今的商界中，要使二者达到平衡简直是一项不可能完成的任务。

有极少数人的天平是往益处倾斜的。在我所认识的为数不多的这种人中，有一些就是不购物（包括食物）、不开车、不买房，甚至不上班，尽可能少消耗资源，靠着极为有限的资源生活的人。为了环保，他们的付出是超出常人的——极力避免购买新的物品；只要能步行或骑自行车就绝不开车；以物易物，扫荡垃圾箱，甚至以垃圾为食……但这样的极端环保苦行僧毕竟是少数。对更多的对环保抱有热情的人们来说，采取一种折中温和的方法更为现实——减少消费、购物时尽量向对环境有益的方向努力。也就是说，尽量少买东西，在需要购物时，还要动动脑筋。

正如我在上一章中说过的那样，几乎所有人在购物时都会忽略我们所购买的物品和购物习惯所带来的真正影响，但这一现象主要还应归咎于关键信息的缺失，从而让我们蒙在鼓里。俗话说："不知者不为过。"然而，如今的现实恰恰相反——我们虽不了解远离我们的视线、发生在幕后的一切真相，但它们正在真真切切地对我们自己、他人和整个地球造成危害。在开关电灯的那一瞬间，想一下我们用电的环境代价；从微观的分子层面测量一下我们每天用到的生活用品散发出的被我们吸入体内的化学气体；从整个供应链的角度，了解一下我们所享用的产品背后耗费了多少人力。

在商业世界里，市场的运转就像一位魔法师当着我们的面变了个戏法，让我们产生了错觉，而我们就是这个戏法的集体受害者。我们不知道自己所购买商品的真实影响，也意识不到自己的无知。意识不到自己其实并不知道真相，这正是自我欺骗的实质所在。

虽然产生的危害十分广泛，但源头在于我们自身，主要是因为我们不了解自己所购物品和自身行为与由此产生的不利影响之间的关联。甚至当一些不利影响变得日益严重时，我们依旧无忧无虑地继续保持行为习惯，而这些习惯很有可能会继续加重那些危害。我们根本无法从意识上将我们的行为与其实际影响联系起来。

举例来说，根据瑞士联邦山崩与雪崩研究院的调查资料显示，与前几十年相比，由于气候变暖的影响，海拔在1 500米以下山体部分的降雪量减少了20%。[1]降雪量的减少意味着滑雪场必须进行人工降雪，而所需设备要消耗大量能量，从而加剧了气候变暖。即便是在温暖宜人的季节，这里依然会迎来一些滑雪爱好者。无论条件如何，他们只希望从斜坡上飞驰而下，对其他的都漠不关心。于是，这些滑雪胜地就想方设法地使用耗能巨大的造雪机器弄出那些人造雪花。

再来看个例子，工业生态学家曾经针对维也纳一项绿色家居项目进行了细致入微的调查分析。当地居民放弃了开车出行的权利，将建造车库的钱节省下来用于安装太阳能设备。因此在能源使用和出行方面，这些家庭的碳排放量要远远低于其他传统家庭。但就其他方面而言，无论是吃饭、到维也纳之外的地方旅行，还是所购买的商品，这些家庭与其他家庭毫无二致。

还有这样一个例子，防晒霜中的一些基本成分会引起在珊瑚礁间生长的藻类植物滋生细菌。据研究人员估算，全球范围内，每年单是从潜水者身上冲下的防晒霜就能达到4 000—6 000吨，大约能将10%的珊瑚礁变成漂白后的骨架。[2] 当然，在那些靠美丽的珊瑚礁吸引游人的地方，这种危险最大。

我们无法本能地意识到自身行为及由此产生的问题之间存在的联系，这让我们非常容易制造受到自己谴责的那些危害。不知道为什么，我们理所当然地认为我们每天乘坐的公共交通工具、驾驶的私家车、燃煤的发电厂和拥挤的办公室，以及我们家里空气中飘浮的无数有毒分子都和我们无关。我们集体制造出了这些有害物质，却始终无法将这些物质所产生的危害与我们自身联系起来。

我们都面临着同一个严重的盲点，且深受其害。人类文明诞生后的几千年来，各式各样新奇的威胁接二连三地出现，从未间断过。因此，如今我们面临着各种力量所带来的危险，而这些力量都躲过了我们大脑内在的知觉警报系统。由于这样的转变迷惑住了我们大脑的警报系统，我们必须付出大量努力才能意识到潜在的危险。首先我们要了解我们的知觉所面临的进退两难的困境。

我们的大脑已经习惯于敏锐、准确地察觉到特定种类的危险并立即做出反应。此类危险主要存在于自然的可视范围之内。大自然为人脑的警报系统安装了类似于电线的神经，让人类可以迅速发现并躲避危险，例如朝我们疾驰过来的物体、恐吓的面部表情、咆哮的动物以及我们周围环境中的类似危险。由于大脑神经的作用，我们人类才得以存活至今。

但在人类进化的历史上，人脑并没有得到进一步完善，因此无法察觉到那些我们无法触及的威胁，例如地球缓缓升温、有害的化学物质悄悄潜入我们呼吸的空气和食用的食物中、地球上无数种类的动植物灾难性的灭绝。我们可以察觉到对我们造成威胁的陌生人那凶恶的神情，却觉得全球变暖与自己毫不相干；我们的大脑在对眼前威胁做出瞬时反应方面表现出色，而在面临不确定的潜在危险时却逊色不少。

人类的感知器官存在着局限，超出这个范围我们就无从知晓。因此，我们只能局限在这个能够感知到的范围之内，永远察觉不到那些我们无法感知的信息。这个范围是人类经历自然界的弱肉强食、生老病死以及其他许多生命威胁后优胜劣汰的结果。回溯到原始社会，人均寿命只有 30 岁。后来人均寿命延长到可以看到自己的孩子也有了孩子，这是人类进化历史上前进的一大步。如今我们已经能活到得癌症的年龄，而癌症本身的形成就需要 30 年甚至更长的时间。

我们发明了无数工业生产过程，形成了各种生活习惯，而工业生产和生活习惯都有可能逐渐侵蚀我们的生态环境，破坏温度、氧气、日照等滋养人类生命的因素。这些变化都有可能导致更高的癌症发病率，或者全球变暖加剧，而这些都存在于我们的感知范围之外。当我们面临的威胁表现为地球温度的逐步升高或者我们身体内微小化学物质的逐日累积时，我们的感知系统无法发出报警信号。我们的大脑对此类威胁没有天生的警报雷达。

我们的大脑已经适应过去的世界，对那个世界的危险保持高度警惕，但我们如今生活的这个世界充斥着我们看不见、听不见、尝不到也闻不到的危险。我们大脑的威胁反应机制就这样一次又一次地被愚弄了。

虽然人脑对其可察觉的威胁极为警惕，但对生态领域的威胁毫无反应，这些威胁可能会逐渐显现，可能只有在显微镜下才可见，也可能会波及全球。我们的大脑可以精确地察觉到感知范围内的光、声音和气压的变化，这个范围极其有限，只有老虎或开车莽撞的司机才能被包括进来。这些变化能够触发我们的警报机制，发出“赶快躲开”的信号，并在千分之一秒内做出反应。我们能轻易察觉到这些危险，就像我们能清晰地看到黑暗房间中点燃的一根火柴一样。生态领域中的危险则不然，就像我们在一个光线充足的房间里很难看到一根点燃的火柴一样。

心理物理学家用“仅仅能引起注意的变化”来形容我们可以通过感官信号（比如气压或音量）察觉到的最微小的变化。生态领域中发出潜在危险信号的变化则更加难以感知，细微到我们的感官根本无法察觉。对这些来源不明的危害，我们没有任何现成的探测器，也无法做出即时反应。人脑已经习惯了察觉其感官范围内的危险。为了我们日后的生存，我们现在必须意识到那些存在于我们的感官范围之外的威胁。我们必须让不可见的东西变得可见。

正如哈佛大学心理学家丹尼尔·吉尔伯特（Daniel Gilbert）所说的那样：[3]“科学家认为全球变暖的速度太快了，并为此感到忧虑。事实上这个速度还是不够快，因为我们几乎察觉不到逐步发生的变化。我们总是理所当然地认为，如果有什么变化发生就应当立刻制止。在我们的有生之年，空气、水源、食物污染程度急剧上升，但这其实是逐渐发生的，每天都在加剧。我们所居住的世界变成了生态环境的地狱，这是我们的先辈绝不会容忍的。”

残酷的事实与白色的谎言

挪威剧作家亨利克·易卜生（Henrik Ibsen）创造了“白色谎言”一词，用来形容我们掩饰令人痛苦的真相，从而自我安慰的谎言。在谈到市场中忽视生态影响的代价时，我们常常说这样一句白色谎言——“我们不了解或者看不到的都不重要”。实际上，如果我们对所购买物品和自身行为造成的影响漠不关心，作为消费者对自己的消费习惯不加思考，我们就会给环境和身体健康制造出大量威胁。

每一个谎言都需要掩盖事实的表面故事来支撑。以废物回收利用为例，我们总是告诉自己：“嗯，我一直将旧报纸和废瓶子拿到回收站，去商店买东西时我都带着自己的购物袋。”并且会由于自己所做出的贡献感到好受一些。虽然这种行为的确值得称赞和提倡，因为这总比无动于衷好得多，但这远不足以纠正我们所犯下的错误，也无法起到矫正作用。回收废品的行为还会助长自我欺骗，因为它制造了一种短暂的“绿色环保”的假象，让我们产生一种错觉，以为这种个体努力和付出可以解决问题。

正如工业设计师威廉·麦克唐纳（William McDonough）所说的那样：“回收废品就是指我们要对那些有毒产品再利用。”我们生产产品时选用的大部分化学物质释放到环境中后都具有很大的破坏性。因此，如果我们将废品送到垃圾场，我们就为当地垃圾掩埋场转变为小型的有毒物品处理基地尽了一份力。正如俗话所说：“在你扔掉某个东西时，它并没有真正消失。”它其实还在原处，在地球之上。

说到废物利用，其实我们可以做得更好。今后，我们会像麦克唐纳在他的巨著《从摇篮到摇篮》中所设想的那样，实现废物的全面回收。那样一来，一件商品的所有零部件都可以被用于新的商品或者进行完全分解，分解为大自然可以吸收的分子。[4]然而就目前来说，我们在指定选项中做出了看似有益的选择，但没有意识到我们的选择范围其实很有限。

从这个意义上来说，废物回收这一行为是我们相信那个白色谎言的原因之一，那就是我们已经采取了有效的行动。但实际上我们的所作所为几乎丝毫不能减少我们所购买和使用的商品给人类和地球带来的巨大危害。就此而言，“绿色环保”标签和废物回收利用在带来益处的同时也产生了危害，诱使我们陷入错觉之中，以为我们已经付出了足够的努力，忽视了我们所购买商品和自身行为仍然在产生多重影响。现实已经不允许人类继续听信那些自我安慰的表面故事了。

维克拉姆·索尼（Vikram Soni）和桑贾伊·帕里克（Sanjay Parikh）也批评说，在他们的祖国印度和其他一些发展中国家，正是因为被冠以“发展”一词，高大的水坝和巨大的建筑工程掩盖了正在消失的大自然。[5]冠冕堂皇的措辞掩饰了残酷的现实——例如，房地产开发商若想从地下蓄水层抽取过量的水源或在滩区开路，就会声称自己在“集水”。基于同样的原因，索尼和帕里克也对“可持续发展”林业提出了质疑，这个词语的出现导致单一作物取代了自然森林保护区。即便种植上两倍于被砍伐的天然森林的树木，也无法再现已经消失了的丰富多彩的生物多样性。

正是这些白色谎言让我们心照不宣，不去正视我们所做选择的潜在影响。其实在任何一个群体中，无论是家庭、公司还是整个社会，都有4项关注原则。这些原则决定了我们获取信息与忽略信息的比例，从而产生相当大的影响。

前两项原则决定了我们会对什么样的信息达成共识。第一项是我们关注的是什么。在产品方面，我们关注的大多是可以从中获取什么益处。对公司来说是利润，对消费者来说则是价格和价值。第二项是我们管它叫什么。在经济学术语上，一件产品的价格对公司来说是“竞争优势”，对消费者来说则是个“协议价”。

后两项原则决定了我们忽略信息的程度。第三项是我们不关注的是什么。我们没有关注的是我们所制造、销售和购买的商品对地球和人类的实际影响。第四项是我们如何谈论它或者我们说什么话以隐藏盲点。在商业方面，就是“价格最重要，其他的都无关紧要”之类的言语。

上述4项原则可以通过经济学理论加以重申——在市场中，我们所关注和命名的对象代表了我们对一件产品掌握的所有信息。而我们对该产品未关注的方面，也就是没有命名的方面则代表着我们对它的无知和信息的缺乏。这4项关注原则解释了为何购买有害产品的人能够幸运地逃脱惩罚，而回避此类产品的人们却得不到任何回报。

在酗酒者的圈子中，他们的朋友和家人忽视了他们嗜酒成瘾、需要帮助的事实，就像“房间里的大象”一样，显而易见，却被刻意忽视。我们所忽视的“大象”正是“房间”本身以及其中所有因素的未知影响。

目前全世界对生态环境保护的关注还仅限于强调个人行为的影响——重视我们驾车、利用家庭能源等行为的环境影响。但从生命周期评估的角度来看，我们如何利用已经拥有的物品仅仅代表着产品生命周期中的一个环节。这个环节可能和某个特定产品最严重的生态影响关系不大甚至没有任何关系。因此，仅仅关注我们自身的行为会导致我们忽视更广阔的、充满了变革希望的天地。

某些理论家认为，我们都是一场阴谋的受害者。在一些人的眼中，我们可以将人类现在的窘境归咎于那些无耻的企业，并将它们视为恶魔；从一些公司的内部来看，那些活动家们总是推动一些毫无商业价值的变革，这才是非理性的力量。在公司内部，这种想法以推脱责任的形式表现出来，让工程师、专家、顾问和政府去思考那些艰难的决定。将错误归咎于他人向来都是人类乐于运用的策略。心理分析家把这样的行为叫作“投射”，即将自己的失误投射在其他人或物上，而不是从自己身上找原因。

这种寻找替罪羊的行为恰恰反映出我们在感觉无助和彷徨时所选择的自我欺骗的方式。让别人背黑锅便可以让自己轻易地寻找到出路，但其实我们所有人都是受害者，也都是罪魁祸首。正是我们个人的行为和消费习惯，我们每个人买的东西、做的事情造成了今天让我们抱怨的恶劣影响。当我们打开电灯或者使用微波炉时，我们都往大气中排放了一点儿温室气体。你这样做，别人也这样做，都会产生同样的效果。就这样，数十年来，许多个世纪以来，上千万甚至数十亿人日复一日地这样重复着，从而导致了今天的全球变暖现象。

我们总会设想是一些不明原因让我们成了环境恶化的受害者，例如那些“贪心的企业”，却不去检讨自身行为对环境造成的影响。这是毫不费力的方法，让我们在审视人类肆意毁坏大自然的手段时，释放了自己的不快。但就目前的危机而言，没有谁称得上是主犯，也没有秘密隐藏起来的邪恶的阴谋策划人，我们集体陷入了商业和工业制造的体系之中，而这些体系正是我们的难题持续的原因。令人沮丧的现实是，我们作为“受害者和罪魁祸首”的双重身份应归咎于上个时代遗留下来的集体习惯和技术。那个时代没有那么复杂，那时的生活不必考虑人类自身行为会造成什么样的生态影响。

商业市场是消费者需求的反映，自由市场所提供的商品是我们所需要的东西——至少从理论上来说如此。这也意味着，我们每个人都可以从一点一滴做起，成为“主动行为体”，从而促进更大范围内的逐步改进。这种有可能拯救自我的“生态商”需要我们所有人——无论是作为消费者、商人还是公民——的集体意识和共同努力。

第四章

生态商：我们再也不能忽视了

在西藏有一个小村庄，叫夏尔村。虽然这个村庄所处的地理位置极其险峻，位于陡峭的悬崖上，却已经存在1 000多年了。那里位于干旱的青藏高原，年降水量只有76毫米，但每一滴雨水都通过一种古老的灌溉系统汇集到了一起。那里的年平均温度接近零摄氏度。从每年的12月到次年的2月，气温计上的水银柱一直在零下6摄氏度至零下11摄氏度之间徘徊。该地区的绵羊身上长着很厚的羊毛，保暖性能异常良好。当地人将这种羊毛纺成毛线，再织成毛料，用来做衣服和毛毯，帮助村民度过严冬。因为到了冬天，除了家里的壁炉，他们没有任何其他取暖装置。

在那里，每过10年，用石头和柳条搭建起来的房屋都要重新更换屋顶，而材料来源就是灌溉渠旁边生长的柳树。每当人们砍下一棵树用来做屋顶，就会在原处插枝，再种一棵柳树。柳树的寿命大约是400年，每当一棵柳树死去，人们就再种上一棵新的柳树。人的粪便在那里也有用处，回收后就成了花草、蔬菜和大麦地里的肥料，还有利于保存根菜过冬。

许多世纪以来，夏尔村的人口没有发生过大的变化，一直保持在300人左右。乔纳森·罗斯（Jonathan Rose）是一位建筑师，他倡导并发起了建造绿色环保且经济实用住宅的运动。当他了解到在夏尔村那样地势险峻的地方，当地人依然能探索出独特的生存方式时，他从他们身上获得了灵感。罗斯说："这才叫真正的可持续发展。一个村庄在自己独特的生态系统中能够生存1 000多年。"

当然，在面对残酷的自然条件和严峻的生存挑战时，能够找到最简单的生存方式甚至能够幸福生活的不止夏尔村人。从北极圈到撒哈拉沙漠，当地居民都生存了下来。他们不光了解了当地的自然系统，还神奇地适应了周围的自然环境，并发明了与周围环境相协调的生活方式。而那个叫作夏尔的小村庄能够延续下来，主要依靠三个要素，那就是阳光、雨水和充分利用自然资源的智慧。

现代生活渐渐扼杀了人们与生俱来的适应自然的智慧和技巧。21 世纪初，人类社会失去了人类独有的感知和识别能力，而这种能力对我们的生存来说不可或缺。我们的日常生活习惯与它们对我们所生活的环境造成的影响完全脱节；我们所有人的观念中都有了盲点，再也无法将我们的日常行为与这些行为给自然界造成的危机联系起来。与此同时，工业和商业的全球化意味着我们的生活方式可能会影响到地球的另一端。整个人类消耗自然资源和破坏生态环境的速度已经远远超出了地球的承受能力。

我认为，人们能够在喜马拉雅山上那个小小的村庄生活好几个世纪，这种智慧应该称为“生态商”，[1] 也就是我们适应生态环境的能力。“生态”指的是对生物体及其所生存的生态系统的理解；“商”表示我们能够吸取经验教训并有效适应环境的能力。“生态商”能够让我们了解人类活动是如何影响生态系统的，并将这些知识加以运用，最终减少对环境的危害，就像以前那样在我们的家园中——也就是曾经完好无损的地球上——可持续地生活下去。

如今人类所面临的威胁要求我们必须培养一种全新的感知力，也就是要认识到人类活动和自然界生态系统之间潜在的关系网以及二者之间难以察觉的互动的复杂性。这一全新的开始必将使我们所有人的眼界变得更加开阔，并改变我们最基本的感知和洞察能力。这种改变将推动商业和工业领域的改观以及我们个人的行为和活动习惯的改变。

哈佛大学心理学家霍华德·加德纳（Howard Gardner）认为，“智商”的传统定义应当予以扩展，因为除了那些有助于我们在学业上表现良好的能力，还有其他许多种人类智慧能让我们拥有美好的生活。加德纳一共列举了 7 种能力，其中包括建筑师的空间想象力以及能够成就优秀教师和领导者的交际能力等。他认为这 7 种能力中的任何一种都是独特的天赋，让我们勇于面对挑战，给我们的生活带来益处。

无论条件多么恶劣，人类都能根据实际的气候和地理状况找到合适的生活方式——这种独特的能力自然称得上是人类的一种智慧。[2] 加德纳解释说，这种智慧无论被归结为何种能力，其根源都在于人类对大自然运转方式的了解，例如对自然进行分类。在每一个种族的文化中，人们在适应独特自然环境的过程中都表现出了这样的天赋。

“生态商”这一概念的当代表述将各地的自然科学家认识自然的能力进行了扩展，并归类为自然科学的各个学科，例如化学、物理和生态学，并将这些学科的知识运用到各个层面的动力系统中，无论是分子层面还是全球层面。这种关于物品和自然如何运转的知识包括认识和理解各种人造系统与自然系统之间相互作用的方式，或者可以称之为“生态商”。只有这种全面的感知能力才能让我们了解我们的行为以及对地球、人体健康和社会系统的潜在影响之间的内在联系。[3]

“生态商”将这些认知技巧与对所有生命的同理心结合在了一起。正如“情商”和“社交商”是建立在从他人的角度出发、考虑他人感受、向他人表达关心的能力的基础之上，“生态商”将这种能力扩展到了所有的自然系统。每当我们接收到地球“痛苦”的信号并感到悲伤，决心做出改进的时候，我们就表现出了这种同理心的能力。这种扩展的同理心为理性的因果分析注入了想要伸出援助之手的动力。

要提高我们的生态商，我们就要超越人类将自己置身于自然界之外的思维方式。事实上，我们与生态系统实为一体，我们会对生态系统造成或好或坏的影响，反之亦然。我们需要学习并互相交流，了解我们与自然界这种亲密的互动关系是如何运行的，连接人类活动与大自然的潜在模式是什么，我们对大自然产生的真正影响是什么，如何才能做得更好等。

我们走到了需要变革的关口——在远古时代，引导我们内在生态商的思维模式完全适应了当时残酷的现实环境。那时，我们本能地进食大量的油脂和糖分，让自己变得肥胖，这样下一次饿肚子时才能挨过去。我们只要保证嗅觉器官的灵敏，让我们在闻到腐烂食物的味道时会恶心和呕吐，我们的神经警报系统会让我们远离食肉动物，这就足够了。这种内在的常识带领人类走向文明社会。

但在接下来的几个世纪中，生活在当今高科技时代的数十亿人的生存技巧变得迟钝起来。工作的压力迫使我们掌握了自己工作领域内的高端专业技术，但在其他方面只能依靠那些领域的专业人士来完成某项任务。任何人在某个狭窄的领域里都胜人一筹，但所有人都必须依靠其他领域的专家——农民、软件工程师、营养学家、机械修理师等，才能拥有正常的生活。我们不再依靠对自然界的灵敏反应生存，也不再需要世代传承的生存技巧，不再教给下一代如何与我们的地球家园和谐共存。

生态学家告诉我们，自然系统的运转分为多种层面。宏观层面上是生物地球化学循环，例如碳元素的流动，几年、几个世纪甚至几个地质时代内各种元素比例的变化都可以测量出来。一个森林的生态系统要达到平衡，就要平衡其内部各种生物间错综复杂的相互作用和影响，包括其中的植物、昆虫、土壤中的细菌等，每一种生物都有自己的生态领地，它们的基因共同进化。从微观层面来讲，所有生物圈的循环都在几毫米甚至几微米的范围内进行，时间以秒计。

我们对这些事实的不同认识和理解会导致完全不同的结果。两个世纪之前，著名诗人威廉·布莱克（William Blake）曾经写过这样的诗句："喜极而泣的树木，在一些人的眼中，只是挡路的绿植；有人觉得大自然很好笑，有人眼中根本就没有自然；而在富有想象力的人们眼中，大自然本身就是无穷无尽的想象。这个人就是如此，所以他看到了。"

说到对大自然的观察，我们在认知能力上的差别会产生极大的影响。一头北极熊被困在一块漂流的冰块上面，或者冰川正在融化，这样的景象十分有力地警示着全球变暖所带来的危害。危险的事实并不止于此，只是我们的集体认识能力局限于此。我们需要坚定决心，拓宽我们对大自然的认识范围，看到合成化学物质如何搅乱了人体的内分泌系统，看到海平面如何慢慢上升。

人体内没有内置感应器和天生的大脑警报系统可以提醒我们注意人类活动破坏地球家园的种种迹象。因此，我们必须培养一种全新的感知能力，除了我们神经系统内的警报雷达发现的威胁之外，还要能够感知我们以前所不熟悉的新型威胁，并学习如何处理。这样一来，“生态商”的概念才算全面。

大脑中进行思考的部分——思考脑，也就是大脑新皮层是我们在生存方面用途最多的神经工具。任何大脑内在反应神经不能帮助我们理解的东西，大脑新皮层都能发现、理解并根据需要进行整理。我们可以了解自己行为的潜在影响，并知道应当采取什么样的行动。这样就能后天习得一种能力，以补偿大脑的先天设置在认知和思考方面的不足。

人类迫切需要的生态商具有多样性，这就要求新皮层与大脑内先天设定好的应对恐慌、害怕和厌恶情绪的模块配合起来工作。我们天生具有敏锐的嗅觉器官，可以在充满各种气味的大自然中所向披靡，但如今这些气味我们已经很少嗅到；我们扁桃体的警戒神经网天生就能迅速地识别各种危险，但是这些危险的种类有限而且大部分已经成为历史。人脑这些先天设定的区域即使可以重新设定，也非常困难。但通过我们的主动学习，我们的新皮层可以弥补我们先天的盲点。

气味只是一些可挥发分子的组合。它们从某种物质中挥发出来，飘浮在空气中，到达我们的鼻腔。我们的嗅脑会将其标记为正价或负价，将人体喜好的气味和厌恶的气味区别开来，将腐烂的肉类与新鲜的面包加以区分。但如今的生活还要求我们认识到，新涂上的油漆或者新买来的汽车里面刺鼻的味道都来自易挥发的人造化合物，会危害我们的身体健康，是应当避开的味道。同样，我们还需要培养一种预警机制，提醒我们避开涂有铅层的玩具、污染空气的废气，还要警惕食物中是否含有尝不出或看不到的有毒化学物质。但我们只能间接地通过科学方法了解这些危险，与远古时代先天性的神经系统不同。如果想使这种反应成为后天习得的情绪反应，就要从对智力的认识开始。

生态商可以使我们了解各种系统复杂的方方面面，了解自然界和人造世界之间的相互作用。这种理解能力要建立在丰富的知识储备的基础之上。这种知识储备的规模非常庞大，远远超出某个人的大脑容量。我们每个人都需要他人的帮助才能掌握复杂的生态商，我们需要彼此合作。

心理学家通常认为，智力是属于个人的。然而，为了生存，我们所需要的生态商应当是一种集体智慧，是全人类都要学习和掌握的，广泛存在于所有人身上。我们面对的挑战不仅涉及范围广，而且十分复杂，令人难以捉摸，因此只有通过各个领域的专家、企业家和活动家，也就是我们所有人的共同努力，才能应对这些挑战并找到解决办法。作为一个整体，我们一方面需要了解自己面对着什么样的危险，它们的起因是什么，应当如何有效地应对它们；另一方面要认识到这些方案会给我们带来怎样的新机遇。这一切都需要我们所有人齐心协力才能实现。

人类进化学家已经认识到，[4] 人类共有智慧所需的认知能力是人类特有的一种能力，对早期人类的生存起到了至关重要的作用。人类大脑学习到的最新智慧便是社交商，早期人类由此得以通过复杂的协作一起打猎、抚养后代并生存下来。如今，我们需要充分利用同样的智慧，获得同样的认知，共同应对已经威胁到人类生存的挑战。

一种可以得到广泛传播的集体智慧在传播的过程中能够唤醒人们的意识，无论是在家人和朋友之间，还是在公司甚至整个社会中。当某个人察觉到这个复杂的因果网络中的某些知识并告诉身边的人时，这些知识就成为集体记忆的一部分，每个人在必要时都会记起。只有个人拥有了这种意识并积极地加以推广，这样的集体智慧才能逐渐传播并为越来越多的人所掌握。因此，我们需要先锋和开拓者，他们会提醒我们关注那些我们一直忽略或新近才意识到的生态事实。

一些大型组织可以体现出这种集体智慧的重要性。例如在一个医院里，化验师做好自己分内的工作，外科护士认真负责，放射科的医生爱岗敬业，所有这些人通过自己所掌握的技术和知识密切协作，病人才能得到有效的治疗。在公司中也是如此，销售部、市场部、财务部和战略计划部等各个部门都有各自独特的工作，所有部门通过良好的协作和共同的认识团结成为一个整体。

生态商的共享属性使其与社交商能够相辅相成，而社交商则让我们具有互相协作、共同努力的能力。表现优异的团队往往都掌握了有效合作的艺术，这种艺术包括从他人角度考虑问题以及坦诚合作。人与人之间的有效互动才能使信息在传播的同时实现价值增长。只有通过集体合作和信息交流，才能积累基本的生态知识并建立必要的数据库，从而使我们能够为实现更加美好的未来而采取行动。

昆虫的集合方式在某种意义上对我们如何传播生态商有所启发。在一个蚂蚁王国中，没有哪只蚂蚁是负责总揽全局、指挥其他蚂蚁行动的（蚁后只负责繁殖后代），每一只蚂蚁都会凭借经验找到无数合作的方法，实现自我管理的目标。蚂蚁仅仅依靠简单的内置准则就能找到通往食物的捷径，例如追随外荷尔蒙气味最强烈的路径。通过这种集合方式，不管参与者的数量有多少，只要各自遵守同样简单的准则，就能实现集体目标。任何一个参与者都不需要考虑如何实现集体目标，也不需要总指挥。

如果将这一原则应用于我们实现集体生态目标的过程，可以归结为以下三个原则：

1. 了解自身的个人影响。

2. 加速进步和改进。

3. 与他人分享所学知识。

只要我们遵守这些原则，牢记自己的行为和所购买商品的潜在影响，决心向好的方向改进，与他人分享我们的所得，每个人都这样做，我们的生态商就能不断提高。如果我们每一个人都能遵守这简单的三原则，就能凝聚成一股力量，共同改进我们的人类系统。任何人都不必拟订领导计划，或者掌握所有的基本知识。我们每个人都将推动人类不断改进施加于大自然的影响。

这种转变的集体意识已经逐渐觉醒，而且觉醒的迹象在全世界随处可见——企业员工在竭力促使企业实现可持续发展，社区活动家分发可重复使用的布袋来代替塑料袋。无论在哪里，人们都在寻找与大自然互动的方法，不再只顾短期利益，而是致力于长期的更为理性的和谐关系。我们大力开展调查，研究人类活动对地球生态系统造成的破坏，例如针对全球变暖已经有越来越多的研究，这还仅仅是个开始。这样的努力和行动可以让人更加清楚地认识到这项工作的刻不容缓，但我们绝不能因此感到满足，而是要搜集切实、详细和系统的数据来引导自身的行为。这需要我们持续不断的全面分析、遵守原则的决心以及对生态商的执着追求。

第五章

碳排放量的新型算法

英国沃尔克斯食品公司生产的“盐醋味薯片”的包装袋上注明了一袋薯片的碳足迹。如果你买一小包这种薯片，就会看到上面标着碳排放量为 75 克（一架满员的喷气式客机从法兰克福飞到纽约，人均碳排放量为 71.3 千克）。包装袋上还说明，沃尔克斯公司自 2005 年来一直与英国碳信托有限公司合作，分析其产品的碳排放量，并寻求减少碳排放量的方法。

要知道，计算出这 75 克碳排放量可是个大工程。首先，碳信托有限公司的研究员要计算薯片的两种基本成分—土豆和葵花籽油生产播种所需的能量。随后，他们要加上收获土豆所需的柴油拖拉机的碳排放量。不仅如此，土豆的清洗、削切、油炸、包装、储存和运输等过程都需要加以考虑，还要将印刷包装袋和包装薯片过程中产生的温室气体计算在内。最后，碳排放计算人员还要考虑废弃包装袋扔进垃圾箱后的诸多步骤，包括垃圾收集、运输至垃圾场以及在垃圾填埋场填埋。

美国超市中的商品从生产地到垃圾场整个过程的平均运输里程约为 2 400 公里，但里程数并不直接等同于碳足迹。例如，海运的气体排放量大约是空运的 1/60，是卡车运输的 1/5。[1] 因此，对住在波士顿的人来说，从法国葡萄园海运过来的一瓶波尔多葡萄酒比用卡车运来的一瓶加利福尼亚霞多丽葡萄酒的碳排放量还要小（从地理位置上来说，法国葡萄酒和加利福尼亚葡萄酒的碳排放量大致相等的地方在俄亥俄州的哥伦布市附近）。

除了运输距离，食品生产过程中还有其他许多影响碳排放的因素，例如收割方式、肥料种类、包装过程中消耗的燃料等。根据新西兰基督城林肯大学的环境科学家计算，从新西兰将羔羊海运到英国的碳足迹仅为英国本地羔羊的 1/4。部分原因是新西兰大部分电力都来自可再生能源，而且新西兰充足的雨水和阳光保证了牧草的茁壮生长，所用肥料远远少于天气阴沉的英国。[2] 另一方面，轮船使用的燃料是污染性极强的“黑色酸奶”，即石油加工成汽油后留下的残渣。由于轮船排放的污染物太多，一些港口要求船只停靠后要插接陆上电源，而不是任由其引擎空转。

如果我们去附近超市购物时不再使用塑料袋，如果夏天我们不要将家里的空调温度调得过低，如果我们出门时随手将电灯关闭，如果我们不再使用白炽灯而改用节能灯泡，将会带来多大的改变？这个问题的答案很复杂，让我们整天产生小小的道德困惑。

要想回答这样的问题，我们需要掌握一种新型计算方法。这种方法可以使我们比以往任何时候都更深刻地认识到我们的日常选择及购物的后果和影响。问题的答案可能出人意料。英国克兰菲尔德大学曾经针对伦敦二月寒冷天气里售卖的 1.2 万枝长茎玫瑰进行了生命周期评估，[3] 其中一些玫瑰来自荷兰，另一些来自肯尼亚。结果发现，由于荷兰玫瑰在温室中生长，其碳足迹竟是肯尼亚玫瑰的 6 倍。

肯尼亚空气潮湿，再加上多采用小农场种植，拖拉机并不普及，使用天然粪肥而非化学肥料，这些因素都减少了肯尼亚玫瑰的碳足迹。与在工厂化农场的温室中种植出来的荷兰玫瑰相比，即便将从内罗毕空运至伦敦的过程中排放的二氧化碳计算在内，肯尼亚玫瑰的碳足迹还是小得多。这样一来，对英国人来说，与其购买仅隔一条海峡的荷兰的玫瑰，[4] 还不如选择从肯尼亚空运来的玫瑰，因为后者更加环保。

选择购买当地出产的商品和农产品的益处显而易见，一方面可以保障当地的就业和工资水平，促进经济发展，另一方面可以普遍减少碳足迹（极个别的情况除外）。但产品生命周期评估带来了这样一个问题：到底什么样的产品才算是“当地”出产的呢？一位在蒙特利尔进行调研的工业生态学家专门针对蒙特利尔附近温室所种植番茄的生命周期的地理因素进行了研究。她告诉我：“其实这种‘当地’农产品中并没有多少‘当地’的成分。这种番茄的研发工作是在法国进行的，种子在中国培育，随后运回法国，经过加工后海运至安大略，在当地的苗床播种后发芽，再用卡车运到魁北克，并在那里完成最终的栽培和收获阶段。所以，即便是‘当地’种植的番茄也有着全球化的背景。”

我们还需牢记的一点是在一个复杂的系统内，任何变化都会产生意想不到的连带后果。其中一个典型的例子就是将玉米作为代替乙醇的生物燃料而引起的玉米需求量的激增。农民需要用玉米喂养牲畜，这样猪才能长肥，奶牛才能产奶，鸡才能下蛋。由于玉米糖浆可以增加饮料的甜味，玉米还被大量用于食品加工，因此，将玉米当作生物燃料引起的需求量激增便带来了一系列没有预料到的影响。就在农民得到政府的补助，抓住了种植玉米这棵摇钱树，以期用玉米代替石油的同时，玉米需求量的激增也引起了其他相关产业中产品价格的上涨，例如牛肉、玉米饼和早餐麦片。

当然，食品价格上涨的原因不单单是玉米的紧俏。格雷戈里·诺里斯这样向我解释："如果农田方面有了压力，食品价格就会上涨，但这种影响只是食品价格上涨的一小部分原因。我们不能仅仅因为价格上涨而指责生物燃料的开发，还应该考虑到原油价格的上涨以及亚洲人民的生活日益富足，人们的饮食习惯会有所改变，食用肉类会增多。如果贫穷偏远地区的人能够找到在荒地上种植生物燃料的方法，那将会产生极大的积极影响，为他们带来前所未有的良好收益。"

他的解释证明了各个体系的复杂性。要整理出我们所生产物品的各种影响，我们需要系统的计算单位，而工业生态学就是专门研究这种新型算术的一门学科。对玩具上的有毒化学物质的危险、全球变暖的威胁以及我们制造、种植、运输、消费和废弃的物品的影响，我们最多只能认识到其中一个方面，只关注某个方面的问题而忽略了其他。指导人们如何使生活更加绿色环保的信息无处不在，但这些信息往往也对这些细节视而不见。

例如，我们不赞成饮用瓶装水，由于碳足迹较大，许多餐馆不再售卖这种瓶装水。还有一些人会重复利用塑料瓶，自己灌水喝。这种对瓶子的环境影响所做出的反应从生态保护方面完全正确，但忽略了另外一个缺点，那就是塑料瓶中的化学物质会渗入瓶中的水里，从而对人体健康造成潜在的危害。许多塑料的基本化学成分之一——双酚A可能会干扰内分泌，如果塑料瓶中装满了滚烫的液体，双酚A渗透进水里的速度是平时的55倍[5]——在寒冷的天气里登山的人经常这样做，父母用塑料奶瓶冲泡奶粉时情况也是如此。

提高我们集体生态商的一个途径是熟悉并掌握对产品影响进行分类和思考的多种方法。最理想的方式是从以下三个相互关联的领域了解一件商品的不利影响。

1. 地圈：包括土壤、空气、水，当然还有气候。
2. 生物圈：人类、其他动物和植物。
3. 社会圈：人类社会的关注点，例如工人的工作环境。

地圈

全球变暖问题是对地圈造成危害的典型代表。二氧化碳的排放及其对地球碳循环的破坏引起了公众及政策分析者的注意。虽然这的确是个严峻的问题，但只是事实真相的一小部分。如果我们仅仅将注意力集中在碳排放所导致的全球变暖上，就会忽略人类活动干扰自然循环的其他诸多方式，而这些自然循环是保证我们拥有健康的土地、空气和水源的基础。此处的“健康”一词意为可使生命持续，确切地说，可以使人类和其他物种健康地生活下去（毕竟有些有机物，就像那些在温泉最深处海床上酷热的小石洞中依然可以自由自在生活的生命那样，可以在人类无法生存的环境中生活）。

虽然“碳足迹”这个概念在环境测量方面非常流行，但它只是测量一件产品对碳循环（生命体间保证持续交流的工具）、地圈和地球大气层的影响的诸多方法中的一种。碳循环也只是受到人类行为影响的循环过程之一。另外一种测量方法是测量“隐含碳”，即一件产品在制造、运输、使用和销毁过程中平均每千克产品的二氧化碳释放量。例如，若要计算一瓶洗发水的隐含碳，就需要计算产品的生命循环过程中每一种成分所释放的二氧化碳量（一瓶洗发水可能含有 50 种甚至更多种成分），制造塑料瓶所需的塑料也要如此计算。

再让我们来看看“富营养化”现象，这也是我们对水源造成的恶劣影响之一。氮、磷等营养物质被排入水中后（这些物质通常源自化肥），便会加速水中藻类的生长繁殖，从而大量消耗水中的氧气，造成其他种类的生物因缺氧而死亡。这些营养物质大都是通过工厂废水、草坪和农田中被雨水冲走的化肥进入水源的。亚洲、欧洲和北美洲几乎一半的湖泊都存在富营养化的现象。经过调查，墨西哥湾海藻遍布的大面积“死亡区”就是由密西西比河冲刷下来的化肥导致的。

除“全球变暖”现象外，有人认为还有一些问题的解决刻不容缓，例如森林的消失、蓄水层的枯竭、物种灭绝以及自然资源遭到的其他破坏和损失。[6] 毕竟全球变暖的影响需要几十年甚至上百年才会显现出来，人类通过共同努力可以减缓甚至遏制它。但如果遭到人类活动破坏的是那些需要亿万年才能形成的自然资源，那么这种损失不仅显而易见而且无法挽回。通过测量一件产品的“资源负担”，我们可以了解该产品消耗了多少原材料，导致了何种污染，破坏了多少资源。一件产品对大自然的债务可以统计为该产品所消耗的不可再生资源的总和，加上它对人类造成的影响和负担，例如排放到空气中的污染物、倾倒进水中的有毒化学物质或者制造过程中所产生的埋入垃圾填埋场的污染物。

当我们丢弃的物品最终进入当地的垃圾填埋场，我们就迫使大自然又开始了一项永无止境的运动，要对废弃物中的大量分子进行检索，从中寻找可以利用的分子形式。土壤中含有各种各样的酶，它们的主要任务就是催化化学反应，从而将化合物分解，无论这些化合物是在昨晚扔掉的牛排还是牛排的包装纸上。任何生物都会被降解为无数微小的组成部分，然后再被细菌、植物、昆虫和更高级的动物重新利用。“生物降解”本身已经成为科学研究的一个独立领域。如今人造产品中使用的化学物质多达成千上万种，但其中只有很少一部分曾进行过评估，看是否能被降解为对大自然有用的形态。

正如工业设计师威廉·麦克唐纳说的那样：“人类制造的所有废品都是另外一个系统中的食物。”工业系统的终端产品的理想状态是被视为“工业营养品”，也就是说人类制造的产品在物尽其用后，如果不能进行生物降解，应该可以重新利用，用于制造其他产品。

我们已经有一些评估人类行为对地圈所造成影响的指标，但只占这些影响的极小部分，其他指标还包括耗水量、土地的不当使用、土地和湖泊的酸化、平流层中臭氧层的消耗等。人类的破坏行为多种多样，而我们评估它们的方式却十分有限。

生物圈

我们的身体就像地球本身一样，由紧密联系的不同生态系统构成。在生态学意义上，某个环境的“承受能力”指的是该既定环境在没有受到损害的情况下能容纳的最多人数（或者其他生物的数量）。地球的各个系统在退化和最终崩溃之前都有其各自有限的承受力，我们身体内的系统也一样，在出现紊乱、生病之前，其容纳外界化合物的能力也是有限的。

在人体系统中，我们的基因以及我们每天通过进食、呼吸和接触而进入体内的工业化学物质之间也有着千丝万缕的联系。这种联系十分复杂，因此我们很难在人体的某种具体反应和某种可疑的化学物质之间找到具体的关系。虽然也有个别情况除外，但总体而言，人体每天接触到的合成化学物质对人体的具体影响仍然是未知的。

我们将自己暴露在成千上万种合成化学物质中，最大的不利之处在于大自然十分节俭，它总是通过多种不同的方式重复使用某种分子结构，用于多种多样的用途。例如，罂粟花的子房中会分泌出一种含生物碱的树脂，与人体阿片系统中的内啡肽类似，会让人产生一种暂时失去知觉的愉悦感。工业化学家可能会用某种分子化合物除去后院中的马唐草，不过一旦这种化合物进入人体这个极其复杂的化学工厂，就会产生不同的后果。

如果这些化学物质被其他生物吸收，我们在分析时也不会将其考虑在内。人造化合物进入土壤、水源和空气后并没有凭空消失，而是与动物赖以生存的大自然的各个复杂的生态系统混为一体。从杀虫剂到氟西汀，对这些人造化学物质对自然系统造成的巨大危害，我们已经取得了重大发现。有些化学物质，即便是很小的剂量都会带来让人意想不到的副作用。我们通过化学工业所实现的舒适生活对大自然来说却是一场噩梦。

就以我们存放在药箱中的处方药为例，[7] 我们发明药品的最初目的就是要用最小的剂量引发某种生物反应。这种经过特别设计的化学物质通过工业废水或人体粪便进入大自然后，就会变成类似于生态子弹的东西。比如，避孕药中的某种合成雌性荷尔蒙会将水中的雄性鱼雌性化。科学家在加拿大的一个湖泊中放入了少量这种化合物，结果湖中的雄性米诺鱼不再排精，而是开始排卵。[8] 三年后，米诺鱼从这个湖泊中彻底消失，以捕食米诺鱼为主的鳟鱼数量则减少了接近 30%。

随着科学的进步，我们能够发现人造产品的副作用所引起的各类危险，而且这种发现越来越多。专门研究土壤和湖泊中细菌的遗传学家告诉我们，抗生素的大量使用出人意料地导致了能抵抗抗生素的细菌的产生。我们使用的抗生素越多，这些能抵抗抗生素的细菌在自然界中的传播范围就越广。虽然抗生素会杀灭某些种类的细菌，但同时也加速了那些抵抗药效的细菌的传播。这些细菌最终与其他细菌进行基因交换，使其他细菌也获得了抗药性。农场中平均每年用于牛羊身上的抗生素高达 1 134 万千克，主要目的是使牛羊快速增肥，以便早日运往市场，降低养殖成本。这些抗生素的滥用最终导致了对这种动物抗生素有抗药性的细菌的大量繁殖。我们当中的任何人只要服用抗生素或者使用抗菌肥皂都会加剧这一问题。

这只是工业化学家扰乱自然界的无数方式之一。下面让我们来看其他几个例子，了解一下化学物质是如何影响人类健康和生物圈的。这些例子都是从化学物质的生命周期评估的数据库中随机选取的。

1. 致癌度：对一个工业步骤或者一种化学物质进行评估，考察其所含致癌物质进入环境的所有可能途径、一旦进入环境后的存留时间、每种化学物质的致癌度、人类接触到的可能性以及致癌因素出现在供应链的哪些环节等。美国工业每年排放到空气中的剧毒化学物质共有 116 种。根据环境科学家的分析，每生产出价值 100 万美元含有这些化学物质的工业产品，就会多出 260 名癌症患者，[9] 罪魁祸首便是水泥厂在生产过程中释放出的多环芳香化合物。

2. 伤残调整寿命年：指的是由于微粒状废气、有毒或致癌物质、工作风险等因素导致人体损失的健康寿命年数。计算时可精确到某种物质的极其微小的数量，并且具体到这种物质对儿童患癌率的升高以及肺气肿患者的影响。其基本计量单位，也就是每个伤残调整寿命年，代表个人所损失的一年健康寿命。

3. 生物多样性的流失：指的是由某种特定工业过程或化学物质所导致的物种灭绝的程度。从技术层面来说，对“潜在的损失部分”进行测量和计算，就可以计算出某种化学物质的排放在多大程度上加速了动植物的减少，从而引起某个生态系统的消失。

4. 内在毒性：计算某件产品在整个生命周期中会向大自然释放多少有毒化学物质。以聚氯乙烯浴帘为例，首先我们要计算在制造浴帘原料——聚氯乙烯的过程中需要提取和加工多少石油和氯，由此可见聚氯乙烯中致癌物质含量很高。随后，在使用浴帘时，塑料加工过程中添加的增塑剂邻苯二甲酸盐会挥发，其分子进入了空气。最后，浴帘被丢弃到垃圾桶中以后，它还会继续慢慢地释放氯气。浴帘对人类生命的最大危害是制造过程中以及在垃圾场焚烧时释放的氯气对工人的危害。因此，在考察浴帘的内在毒性时，我们应该将其生命周期中所有这些潜在因素都考虑在内。内在毒性也使长期以来被视为“职业病”的问题转变为消费者问题，例如，由于在工作过程中吸入了大量锰烟尘，焊接工患帕金森症的概率大增。

格雷戈里·诺里斯提醒我们，绝不能用“非有即无”的极端观念看待这些影响，因为“万事万物皆有联系”。他指出，我们必须意识到“每件产品的生命周期都与其供应链上的某个环节所释放的微量污染物有关”。因此，对这个问题可以进行定量分析：排放了哪种污染物，排放了多少？如何有效地减少该污染物的排放？由于每个供应链都会带来方方面面的影响，我们不能继续忽视气候变化、生物栖息地被破坏、释放及潜在的有毒化学物质以及工人的工作环境，也不能仅关注其中某个单一的问题或方面。

社会圈

最近报纸报道了巴西一家酒精制造厂发生的事情。该厂种植甘蔗作为生物燃料，但对该厂的现场勘查发现，厂里的 133 名工人都吃不饱穿不暖，居住在卫生条件极其恶劣的拥挤的房间中。[10]在这种尴尬的情况下，我们该如何衡量该厂在生产酒精过程中所采取的环保举措和没有保障工人权益这两个对立的方面呢？

这一问题引发了一场变动，将社会维度纳入产品生命周期评估的范围。因此，那些注重道德规范，认真对待自身社会责任的企业日益关注人文问题，包括工作环境、强迫劳动、雇用童工、公平工资、健康保险之类的问题。

“在对产品进行生命周期评估时，我们往往会忽视它们的社会影响，但现在你可以看到这一方面的需求，”诺里斯对我说，“政府和企业都在寻找这些评估方法，从关于生物燃料的辩论中就可见端倪。有一家大型跨国公司专门对各种生物燃料进行过全方位的研究，以决定是否将其纳入公司业务策略。这家公司让我帮助他们对社会影响进行分析，想知道这样做的利弊究竟如何。我们在评估产品对环境的影响时，不能将社会因素排除在外。”

诺里斯曾经针对荷兰发电的全球供应链的健康影响进行了生命周期评估，将污染环境所带来的危害与刺激经济发展所带来的益处进行了比较。[11]他将两方面的影响统一用“伤残调整寿命年”进行了衡量，从健康影响的角度分析各自的利弊，同时还部分引用了世界银行的一组数据，这组数据原本用来测量国民生产总值每增长 100 万美元所导致的人类寿命的增减。最终发现，对环境最为不利的影响便是发电厂的颗粒排放物对全球变暖的影响。

但是，荷兰电力供应链上 10%的经济活动在发展中国家进行，其中有些地区十分贫困，基本卫生设施、干净水源和国民教育都无法保障。在这些贫困的国家，如果将增长的财富用于医疗和教育等基础设施建设投资，例如建设诊所、医院和学校等，将会产生十分积极的影响。以“伤残调整寿命年”计算，诺里斯总结说，给贫困人口带来的这些益处绝对可以抵消其对全世界的负面影响。也就是说，世界上最贫困地区的经济发展可以在人类健康方面产生巨大的回报。

从另一方面来说，荷兰一家机构曾就个体消费行为所引起的整体环境影响进行了分析，结果却恰恰相反。荷兰人消费的消极影响，[12] 即造成环境压力的因素，包括资源消耗和杀虫剂的使用等，都成为发展中国家的巨大压力。虽然很少有国家像荷兰那样负责任地计算环境影响，但所有发达国家的情况应该都大同小异。

不管是节约资源还是制造更安全的产品，都应保持或者改善人们的生活，现在人们对可持续发展所达成的普遍共识已经包括这一点。在考虑如何改善现状时应当将地圈、生物圈和社会圈三方面的因素都纳入进来。联合国环境规划署一直致力于在保护环境和人类需求之间达到平衡，并通过运用生命周期评估方法，试图在供应链中找到适当的平衡点，不仅使其对环境的有利影响最大化，还能造福于相关范围内的居民。我曾经针对这一点与蒙特利尔的社会科学家凯瑟琳·班尼特（Catherine Benoit）交谈过。当时她刚从德国弗雷堡开会回来，作为联合国环境规划署生命周期计划任务小组的成员，正在起草对产品从生产到回收的整个生命周期所产生的社会经济影响进行评估的实施准则。

“如果你真的想改善现状，产品生命周期评估会让你了解哪些方面状态良好，哪些方面需要改善，”班尼特告诉我，“它的社会维度既包括对人类的积极影响，也包括消极影响。如果一家公司在当地社区参与度很高，维护妇女权利，积极参与当地慈善事业，保障工人基本生活工资，或者参与全球改善工作环境的活动，这些都是积极的影响。”另一方面则是血汗工厂的残酷行为，例如工人在高危的工作环境中超时工作却报酬极低，身心饱受煎熬，缺乏安全饮用水等。

运用生命周期评估方法来量化人类生存状况有时候有效，有时却发挥不了作用。例如，德国斯图加特大学的研究者曾经系统计算过制作各种包装材料的工人在整个供应链中发生事故的概率。导致死亡的事故（虽然相对来说较为少见）发生率在木箱制造业中最高，[13] 其次是纸箱，概率最低的是塑料包装箱制造业。这类分析研究提供了可供参考的数据，但社会产品生命周期评估可能由于过于精确而脱离了现实。例如，班尼特就认为没有必要将人类生存状况与过于精确的衡量挂钩，就像有人提议的用“每个工作步骤的工作秒数”来计算每单位工作的效益。[14] 相对来说，她更倾向于计算一件产品供应链中各个因素所占的百分比，包括雇用童工、公平贸易认证或者工人的健康保险等因素。

对社会影响的评估面临着特殊的挑战，因为仅凭数字无法真实地反映人类社会现状。班尼特说：“我们可以尝试计算一家公司雇用了多少童工。在许多国家中，雇用童工是违法的，所以没有人愿意告诉你。因此，要想统计出一个供应链中童工工作时间的准确数字是不可能的。提出‘有没有雇用童工，为什么？’之类的问题更加重要。”

班尼特补充道：“你或许想利用通用的数据来识别雇用童工的热点地区，也就是童工雇用率最高的地区。比如，印度纺织业的童工雇用率很高，但不同地区也会有高低的区别。普遍来说，童工雇用率最高的地区都属于贫困地区，工资水平低，雇主普遍不尊重人权。如果想改善一件产品生命周期的社会状况，热点地区的识别可以提供有效的信息。”

格雷戈里·诺里斯说：“进行生命周期评估的模式只有分析员最了解。我们也可以坐在大学实验室里强调重视二氧化碳排放量，也可以设定某个排放标准，并声明‘我们不管你们怎样操作，但一定要将有毒气体排放量和二氧化碳排放量降低到这个标准以下’。这样做的确有一定道理，但如果将社会影响考虑在内，比如经济发展可能带来的巨大健康收益，那么更好的方法是让生产商与其他人能够告诉消费者：‘这是所有人的福祉所在，帮助我们一起实现这一切吧！’要从最底层开始，让买方和卖方之间能够进行更多的交流，并加强双方有关环境影响的对话。”

“追踪供应链上某个环节雇用童工的信息的最好方法是查看施工现场，并与当地组织接触，但如果针对整个生命周期都这样做的话会耗费大量的人力、物力和财力，”凯瑟琳·班尼特指出，“所以我们需要做的就是在最重要的环节采取上述步骤，包括产品生命周期中价值增加最多的环节、可以找到热点地区的环节或者有改善空间的环节。这三方面没有必要保持一致。假设你来自一家制造手机的IT公司，制造某个手机零件所用的矿石采自非洲，而非洲恰好是强迫劳动和雇用童工的热点地区。但这个零件仅仅是手机上一个很小的部分，在产品的整个生命周期中所占比例较小。因此，如果你想找到可以改善的环节，作为该矿石供应商一个相对来说规模较小的客户，你的施压影响不会太大，但你可以和其他IT公司联合起来对其施压。”

将产品生命周期评估的范围加以扩展，从而将社会影响纳入进来，可以为那些在全世界最贫困地区经营的公司加分。但事实并非那么简单。诺里斯举了一个有关生态旅游的例子。[15] 假设一个偏远贫困的村庄开始发展生态旅游，从游客那里吸引了更多的资金，这样一来，当地企业便得到了更好的发展。然后这些企业将部分利润重新投资，用于建设当地学校、清洁水源、改善医疗卫生条件。这样做的确大有裨益。

另一方面，如果“生态旅游业”这一概念指的仅仅是保护水源和能源，以及建筑材料环保的话，其他问题就会随之产生。当地人以前共有的土地或水源是否由于旅游业的发展而另作他用？是否所有利润都被一家外地公司装进腰包，而当地环境没有得到任何改善？从事与旅游相关工作的当地人是否得到了应得的工资，从而改善了自己的生活条件？当地是否由于经济发展提高了消费水平而不是人均工资，从而导致当地贫困人口有增无减、犯罪率上升、居民健康状况下降？换句话说，如果认真调查发展旅游业对当地人的影响，打着“可持续发展”旗号的旅游业是否真的名副其实？

诺里斯对提倡绿色环保的格言——“少即是好”提出了质疑。当然，如果这句话是说人类制造出的产品所产生的污染物，那自然是越少越好。但诺里斯指出，工业生产在社会范围内也会产生积极的影响。他说：“工业生产使你我可以得到工资，使我们可以缴纳税款从而支付教师工资，以及建立疟疾治疗诊所。因此，产品生命周期的影响并不都是消极的。在贫困地区经营的公司也会产生巨大的积极的社会影响。”

诺里斯号召采取一种更为中立的策略，摒弃“非有即无”的思想。比如，一件产品的生命周期会产生什么样的影响，影响有多大？我们如何在产生最少危害的前提下达到理想的目标？从消费者到制造商，每个人在减少危害中分别扮演什么样的角色？

另外，我想补充一点，在我们决定是否购买某件产品时，我们为什么无法了解它的真实影响呢？如果我们了解这些影响，又将如何改变这个世界？

第六章

绝对透明：企业生存的根本

有一次，我正在和一位工业工程师交谈，他指着我的录音机，提出了几个问题："我敢肯定你用它录下了不少东西。但它的价格为什么那么低呢？在制造录音机机身、二极管显示屏和电路板上的金属、塑料和化学制品时产生了多少边角料？往当地河流中倾倒了什么垃圾？往空气中排放了什么有毒气体？又有什么废弃物被随随便便加以掩埋？对工厂附近的居民和工厂的工人又会产生怎样的影响呢？"

想一想我们现在所处的窘境吧！如果你希望你所购买的产品对环境、健康以及生产工人都有利，你基本上不可能获取有效的、可供比较的信息。对这些影响进行比较所需的数据大部分已经遗失。我们可以查到产品成本，也可以检验产品质量。但除了产品包装上标榜的"有机"或者"生态"的商标和标记，消费者几乎不可能得到任何其他参考信息，以选择毒性较小或者更环保的产品。

我们能够了解的信息是价格，因此在产品的制造和宣传过程中，降低成本就成为生产商唯一的驱动力。供应链中有一个很重要的因素是最低生产成本。假如我是一名供应商，在越南或孟加拉国经营一家加工厂，要与其他供应商竞争一份生产订单。我只有想方设法地降低生产成本，才能获取更多的利润。在这种情况下，我就有可能采取一些非正当手段来达到这个目的。例如，雇用童工，因为他们的工资低于成人；不采取安全措施，以减少开支；采购最廉价的原材料而不管它们存在什么风险；将废渣排入当地河流，而不是进行妥善处理。

由于零售商纷纷选择“生产快，价格低”的产品，这给供应商带来了越来越大的压力，于是供应商极力压低工人工资，让他们在高危工作环境中超时工作，并将有毒物质和高危污染物排放进当地河流或在垃圾填埋场中直接掩埋。这些降低成本的举措在产品进入市场后变本加厉，因为价格本身就决定了大多数消费者的选择，他们忽视了产品制造过程中为降低成本而采取的措施会带来的潜在影响。

有一条经济学原理告诉我们，实现信息的公开交流才能有健康的市场。然而，如果将信息保密或隐藏可以为生产商带来更多利润的话，那么他们就不会有任何披露信息的动力。当牵扯到产品对环境和人体健康的影响时，制造商和供应商也许知道答案，但他们绝不会主动提供相关的数据和信息，除非受到政府命令的强制。由于我们在所购买物品的潜在影响方面缺乏有效信息，[1]因此公司与供求压力完全隔离，而供求压力正是一个健康、有竞争力的市场的核心。然而，作为消费者，我们对一件产品的影响到底是好是坏并不知情，也就无法在此基础上做出选择。反倒是那些将生产成本降到最低、避免在环保或其他造福社会的方面花费资金的公司能够轻而易举地占领市场，或者获取更多的利润。这种现象最终导致的往往是竞次，即打到底线的竞争。

在消费者无法获知商品的生态影响的情况下，任何有益于环保的举措都无法获得回报。当然，我们偶尔也能发现一些带有环保标志的产品，可以帮助我们做出相对来说较好的选择。但总体来说，由于缺乏官方认证的环保指标来提醒消费者商品的潜在环境影响，因此只有很小一部分市场会重视环保产品，各商家也就没有竞争压力去按照这些规范改进产品。卖家也没有理由与他人共享信息，以帮助买家做出有利于环保的选择。

在获取关键数据和信息方面，顾客和商家这种获取信息的不平等被称为“信息不对称”。[2]这一概念是由约瑟夫·斯蒂格利茨（Joseph E. Stiglitz）提出的，他曾因其“信息如何影响市场运作”的理论获得诺贝尔经济学奖。斯蒂格利茨认为，商家和消费者之间的任何信息鸿沟都是一个重大的市场缺陷，因为无知会降低市场运作效率，[3] 而有效的信息则可以帮助消费者做出更加明智的选择。如果商家掌握的信息多于消费者，正如斯蒂格利茨所说——“总是如此”，这种信息不对称将妨碍市场公平和效率。[4]

信息本身就具有价值，知识可以转化为市场优势。透明度的本质就在于知情者将信息传递给不知情者。将一度隐藏的信息公开，可以弥补商家和消费者之间地位不平等这一缺陷。经济学家通常主要从价格的角度来考虑这一问题。但将产品的价值内容加以扩展，使之不仅包括价格、质量这些因素，还包括其有害及有益影响，这样就能把曾经隐蔽的生态影响转化为一种市场力量。

我们再从这个角度来分析一下“绿色营销术”的影响吧！就以那些毫无根据的宣传口号为例，有些家用电灯泡的包装上赫然标着“节能”字样，却没有认证机构。还有一些宣传语言十分模糊，比如“环保概念”的洗发水，或者定义不准确，比如“不含化学物质”的杀虫剂。（没有任何产品是不含化学物质的，那么这里所谓的“化学物质”指的是什么呢？）另外一种市场营销术则采用实际上与环保毫无关系的标志，以分散消费者的注意力，使他们不再关注可以将各类品牌进行比较的关键信息，例如，杀虫喷雾的喷雾罐上印着“不含氯氟烃”（因氯氟烃消耗臭氧，20世纪70年代就已被禁止使用）就将消费者的注意力从该喷雾所含的其他有毒成分上转移开来。

“绿色营销术”干扰了消费者获得正确信息，通过误导性信息让顾客购买那些并没有履行承诺的产品，从而扰乱了市场秩序。这就滥用了我们购物所带来的效益，因为这种行为损害了消费者对商家的信任，贬低了有效信息的价值，让那些希望自己的金钱能够得到充分利用，以支持真正的绿色环保创新的顾客开始心存疑虑，并对市场产生悲观情绪。事实上，“绿色营销术”帮助那些未履行承诺的产品夺取了真正有益的产品的市场份额，妨碍了创新产品进入市场，取得成功。

有效的产品信息永远都是商业中不可或缺的。制作橄榄油的橄榄曾经是罗马帝国最具价值的经济作物，就像如今的石油一样。有人推算，公元一世纪时，每年橄榄油的人均消费量为50升。罗马帝国许多销售橄榄油的商人和种植橄榄的农户因此发了大财。罗马进口的橄榄油由于数量庞大甚至改变了当地地形。如今，一座50米高的小山丘标志着当年丢弃用于装运橄榄油的双耳瓦罐的地方。直至今天，这座古老的垃圾掩埋场一直保留着当初的名字——“陶片山”。

研究过这些陶瓷碎片的考古学家告诉我们，这些碎片都是古代“销售时点”广告的一部分。无论橄榄油来自西班牙南部的安达卢西亚还是位于现在利比亚境内的的黎波里山区，每一只盛放橄榄油的陶罐都用封条密封起来，上面印有橄榄油的详细信息——橄榄油的重量、进行压榨的农场名称、运输商的身份信息以及核实这些信息的罗马官员。大卫·马丁利（David Mattingly）是英国莱斯特大学的考古学家，也是罗马橄榄油贸易方面的专家。他总结说，即便是在那个时代，这些商品信息的明确标示都是为了保护消费者的利益。[5]而那些印有信息的封条则可以防止欺骗行为，例如被替换为劣质油，或者在运输途中被盗。

路易斯·布兰代斯（Louis D. Brandeis）曾经在 1913 年写下这样的话:“阳光是最好的消毒剂。”布兰代斯后来成为美国最高法院大法官，当时正在起草一项新的提案，建议立法强制上市公司公开其盈亏状况。内幕交易是“信息不对称”的典型案例。布兰代斯将“阳光”视为挫败肮脏的内幕交易的方法，这些交易欺骗了他们那个时代的投资者。

经济透明度的悠久历史记录了人们不断要求信息对称的过程——通过保证卖家讲话属实给消费者公平机会。故事持续到今天，一些消费者希望对他们所购买的物品有更为详尽的了解——这些橄榄是怎样种植的？有没有喷洒杀虫剂等农药？农场工人的工资和待遇状况如何？运输橄榄油的碳成本是多少？压榨橄榄油的工厂使用的是化石燃料还是其他替代燃料？橄榄油中是否含有添加剂或防腐剂？

有一个深夜，我在伦敦一家街边小店买了一包水果硬糖，都是五颜六色、色彩鲜艳的圆盘状糖果。我扫了一眼包装袋上的成分列表，发现里面包括有E编码①的食品添加剂，提醒消费者该食品添加剂可提升食品的色泽与口味，但足以导致4岁儿童亢进。[6]后来，我在糖果包装袋上又发现了以星号开头的小字，说明成分中包括E104、E110、E120、E122、E124、E132、E133和E171号添加剂。

我花费了不少时间，在一个可以识别这些小字的火眼金睛的朋友的帮助下才破译了这些E编码的含义。有些网站可以将这些E编码翻译为其所代表的具体成分，但说实话，我不想花费那个时间去挨个查找。这样说来，这些印在糖果包装袋上的信息到底有何用途呢？

① E编码是欧盟认可的食品添加剂的编号。具有E编码的添加剂代表已经由欧盟批准，可用于食物中。——编者注

具体来说，怎样才能让商标对顾客最为有用呢？这个问题已经困扰经济学家许多年了。这件事情虽然貌似琐碎，但其实会对顾客的购物选择造成很大影响。在商业领域，产品商标这一小块领地也是商家激烈竞争的地方。有一些大部头的书专门介绍商家在制作食品商标时应当遵守的规则，并通过数不清的调查研究来分析个别的语句或图画是如何影响产品销量的。

对经济学家而言，商标设计之战引发了一个高深的问题——商标如何引导消费者以社会效益最大化的方式购物？[7]第一条不切实际的假设是产品商标上的信息可以吸引消费者的眼球。经研究发现，由商标引起的市场变化至少要经过数月甚至数年才会发生，因为消费者只有经过那么长的时间才会注意到这种变化，更不要说采取行动了。

面对棘手的现实问题，我们只能进行更加细致的研究，分析如何才能让商标发挥预期作用。例如，从胶合板到茶叶，我们在各种各样的产品上都能发现“绿色”环保认证的标志。[8]但市场研究人员发现，有相当一部分消费者不会轻易相信这些环保标志，要么质疑其真实性，要么将其视为一种市场营销策略。一些挑剔的顾客则认为，标明了详细信息的商标更为可信，而且倾向于运用自己的判断力加以识别。他们渴望了解更多的信息。[9]

乔治·斯蒂格勒（George Stigler）是诺贝尔经济学奖得主，也是颇具影响力的芝加哥经济学派的创始人之一。他曾经指出，信息都有其内在价格，即搜寻信息的成本，因为这个过程需要时间、精力以及人们的认识和理解。斯蒂格勒说："对大多数人来说，接收信息并不是个轻而易举、令人愉悦的活儿。"从他的角度来说，消费者最想了解而且认为最有价值的信息便是"便宜"。

消费者选择的多样化、品牌信誉度的下降都刺激了消费者对更多、更有效信息的需求，以便于他们做出自己的选择。在我小时候，市面上的汰渍洗衣粉只有一种，现在却增至39种——不仅有增白洗衣粉、漂白洗衣粉，还有高效洗衣机专用洗衣粉。仅一个品牌就使曾经非常简单的购买决定变得如此复杂，难怪我们在面对上千个品牌及其旗下的各种产品和型号时，必须依靠外界的帮助才能理出头绪，从而做出选择。

人类大脑自有其判断的捷径。当我们面对一个极为复杂的选择时，我们的大脑就会自动权衡可供选择的信息，考虑我们可以从中获得什么利益，以及需要多少时间（准确地说，在多么短的时间里）下定决心，做出一个令自己满意的选择。

心理学家赫伯特·西蒙（Herbert Simon，也是一位诺贝尔经济学奖得主）用“心满意足”一词来形容我们从超市货架前走过时的大脑状态。这个词代表“满意”和“足够”两个意思。他发现，即便是最细心挑选的人也没有足够的认知能力去进行无穷尽的计算，以做出最理想的选择。

毕竟，谁又有这个闲工夫呢？于是我们采取了一个让自己既“满意”又“足够”的方式——那就是走在货架前，告诉自己：“我还是拿上个月买的那种洗洁精吧，用起来还可以。”事实上，有关顾客选择的调查发现，大多数顾客在挑选商品时都倾向于选择以前用过的品牌。我们只要找到“足够”让我们“满意”的就可以了，而不是寻找最理想的。也就是说，一旦我们找到了让自己“心满意足”的产品，我们就不再继续寻找。从这个意义上来说，市场上所谓的“品牌信誉”其实只是人们认知惰性的表现而已。

这种购物方式的一个缺点是我们无法意识到自己的选择范围其实还可以更加宽广，我们的选择也可以更加理想。如果我们仅仅将注意力集中在让自己满意的选择上，就无法意识到我们最初的选择只是在很有限的范围内进行的随机选择。这种不费力气便可以迅速做出选择的认知捷径只能导致我们继续自我欺骗下去，缩小了我们可以搜寻的范围。所以，还是三思而后行吧！

绝对透明

假设我要买一台录音机。我不只是想要一台便宜的录音机，我还希望生产工人是在接触不到有毒物质的工作环境中工作的，而且在我用完后要丢弃时，我希望它对环境的危害能够降到最低程度。如果我们进入了绝对透明时代，我就能够知道哪一台录音机符合我的要求。因此，这种透明制度越系统、越全面，顾客所做出的选择就会越好。

等到对产品的分析包括了它的整个生命周期，以及每个阶段的影响，并能让顾客毫不费力地了解到这些信息时（而不是像糖果包装袋上那些难以破译的E编码一样），生态透明就可以称得上是绝对透明了。绝对透明意味着记录一件产品从生产到销毁整个过程中的诸多影响，不仅包括碳足迹和其他环境成本，还包括生态危害以及对生产工人的影响，然后将这些影响加以总结，并提供给消费者，以便帮助他们做出购物选择。

根据经济学理论，[10] 这种绝对透明体系会产生十分有利的影响，因为它提供的关键信息可以影响消费者选择，从而给企业带来新的压力，迫使其调整企业行为规范，以符合公众利益。绝对透明体系会提醒消费者，哪件衣服产自模范工厂，哪件衣服产自糟糕的血汗工厂。在购物中心将这些信息公开，会在那些原本隐蔽的层面注入竞争因素。突然之间，我们可以在考虑一系列生态影响的基础之上做出购买决定，而不再仅仅考虑产品价格和质量。在这样的市场中，生态危害小的产品销量便会提高，而血汗工厂会一败涂地。

绝对透明体系使顾客在附近的购物中心就能获得和公司财务报告一样清晰的公开信息。在购物中心，顾客可以了解他们的消费行为到底会造成什么样的生态影响，以便有针对性地进行消费。公司也会了解到在产品的环境和健康影响上做出何种改进能够影响产品的销量及市场份额，从而做出相应的反应，在产品的制造和设计上按照绝对透明市场的要求进行改进。

弥补谎言的方法只有一个，那就是面对事实。对顾客所购买的产品来说，这一事实指的就是产品在制造、使用和销毁过程中产生的无法计算的潜在影响。到目前为止，这些信息基本上依旧不为人知。

从商店购物后，我们到底把什么化学物质带进了家门，对此我们通常毫不知情（更不要说家里的物件到底会向空气中释放什么分子了）。绝对透明体系可以让我们清楚地了解我们所购买物品的潜在影响。正如股市的不透明会导致内部知情人士欺骗局外人，市场的不透明也会纵容各公司利用我们对产品生态影响的无知来获取利益。在这两种情况下，透明体系都可以改善市场环境。

如果我们在决定是否购买某产品时，能够获取更加完善的关于产品真实状况的信息，我们一定能做出更为明智的选择。这种信息的完全公开可以使我们每个人都成为逐步实现微小改变的主体。如果这些改变扩大数百万倍，便可以波及整个工业领域，从制造、设计贯穿整个供应链，直至运输和遥远的消费终端。

如果顾客表现出对更安全、更环保、更人性化产品的偏爱，就会为商家带来额外的经济动力，促使他们检验自己的制造工艺、材料和方法。在具有不利影响的方面，这股经济动力就会降低财务风险，为那些开发出更好的替代方法的公司带来经济回报。

绝对透明体系可以充分挖掘自由市场的无穷潜力，通过动员消费者和生产商利用有效信息做出更多有益选择，推动这一必需的变革。一个生态透明的市场使得我们每个人都能有效地做出改进，也让消费者拥有了和生产商同样重要的影响力。

这种市场动力可以逆转始于工业革命之初的发展势头。那时产品的制造工艺刚刚起步，人们尚未注意到或者还没有完全了解它对生态系统的影响。整个商界的工业过程与技术都需要创新和完善，同时也为以后数十年提供了通过创新创造价值的商机。整个工业制造领域都需要进行持续不断的改进，从本质上进行一次进化而非一场革命。用达尔文“适者生存”的进化论来解释，一种工艺或者一件产品的生存取决于它对生态环境的适应能力。

对各公司而言，绝对透明体系能够创造出一个充满活力和竞争力的新型市场。在这样的市场中，做正确的事情就意味着成功。受益的将是那些重视创新、提高产品环保性能的公司，因为消费者比较产品和品牌的依据就是产品的环保性能。那些无视消费者的需求拒绝创新的公司将受到惩罚、损失惨重。

绝对透明体系有能力将市场重新塑造成一个人们寻求理想信息和最佳决策的舞台。这是一个高效运转、公平竞争的竞技场，那些值得赞扬的商家会从中获益，而其他的商家会尝到苦头。

也许，在将来的某一天，这一切会实现，但首先我们要做的还是改造现在这个到处充满信息黑洞的市场。

第七章

你会选购商品吗

2008年4月1日下午3点43分，在伯克利市的主要商业大街沙特克大街的陈旧街区中一幢办公楼里，绝对透明体系起步了。那幢办公楼的表面装饰着漂亮的钴蓝色和绿色相间的瓷砖，楼下是一家寿司店，楼上的办公室曾经被一位激光美容师租用。就在这里，“好导购”公司成立了。正如它的官方声明所说的那样，它的成立初衷是提供一种工具，“通过在购物中心提供全面、详尽的信息来改变人们衡量产品和商家以及与它们互动的方式”。

“好导购”公司是一个公益组织，它的章程中声明该组织的任务不仅是要造福股东，还要造福广大消费者。更有意思的是，这幢大楼里的另外一家租客恰好是“科学家联盟”，在大厅的另一头，与该组织仅几步之遥。

我与该组织的工业生态学家达拉·奥罗克（Dara O’Rourke）

进行了交谈。他是这个项目背后的推动者，希望通过“好导购”软件实现创新，将绝对透明体系引入市场。

“我们现在还处于一个无知的时代，”他告诉我，“我们知道产品的品牌和价格，觉得自己能识别出产品的质量。但其实没有人知道这些商标背后的真相，没有人知道这件产品到底对你我、对地球产生了什么影响。我们就是要揭开这些品牌的面纱，让你了解许多商家不愿意告诉你的信息。例如，产品中有哪些有害健康的成分？它的运输里程是多少？生产工人的待遇如何？”

“好导购”软件可以将这些关键信息加以总结，让你在喘口气儿的工夫就能知道问题的答案。“这是消费者关心的内容，”他说，“大家都需要简单明了的信息，让自己的生活更加美好，都想说：‘快点告诉我答案就行了。’”

“好导购”软件将数百个复杂的数据库综合到了一起。这些数据库对每一件产品都进行了全面评估，例如对联合利华公司的产品从动物试验、供应链碳排放总量、产品中特定化学物质含量等方面进行评估，这些评估的基础是大约 8 000 万比特（该数字还在增长）关于产品和商家的信息。“这些信息都很分散，”达拉说，“任何人都不会一次性地了解全部信息，但我们一起努力就能为大家提供最好的产品和商家信息，以便帮助他们做出更加明智的选择。”

这就意味着“好导购”软件公开了产品背后的故事。它可以将一件产品从制造、运输、使用到销毁整个过程中的环境影响计算出来，还可以将多种成分中的某一种特定化学物质的信息披露出来。从宏观层面来说，它可以评估某家公司在环境、健康或者社会影响方面与其他竞争者相比有何优势，也可以判断哪个品牌或者公司正朝着健康的方向发展。“好导购”软件可以评估一家公司的政策、公司对产品关键信息的披露程度以及该公司对消费者、工人、社区和环境的总体影响。

在我到访的那天下午，这家公司正在进行“贝塔发行”，即消费者对系统的首次检验，以测试该系统能否有效揭示产品的影响是否符合他们的价值观。最初版本所覆盖的范围包括个人保健产品和家用清洁剂等，共 5 万个品牌的产品。接下来的版本还会增加食品、电子产品和服装等类别。

这次不对外的贝塔发行邀请了大约 100 人进行现场测试，其中大多数人都是对此感兴趣的年轻妈妈。达拉称她们为“环保妈妈”。

“有了孩子以后，你就会开始关注产品的健康或环境影响。在有孩子之前，你买洗发水或者洗洁精时不会在意这些，一旦做了母亲，你就会再三考虑要给宝宝娇嫩的皮肤涂抹什么东西，或者孩子用的盘子上涂了什么化学物质。环保妈妈走在了消费者潮流的最前端。

“当她们发现爸爸的染发剂中含有大量的醋酸铅，就会告诉他停止使用。如果她们在自己的洗发水中发现了邻苯二甲酸盐，但是仍然喜欢这种洗发水，就会给制造商发邮件，要求他们停止使用这种成分。如果她们了解到自己孩子使用的防晒霜中含有暴露在阳光下活性就会增强的致癌物质，她们就会发邮件给其他的母亲，告诉她们这个消息，或者干脆在育儿论坛上发个帖子，提醒其他母亲。这样一来，这一消息就会从一位负责任的母亲那里传播到成千上万人。”

达拉在工业生态学领域的资历无可挑剔。他现任加利福尼亚大学伯克利分校环境科学、政策与管理系教授，此前他曾任教于麻省理工学院，那是他就读机械工程学专业本科的学校。在加利福尼亚大学伯克利分校能源与资源研究组攻读博士学位时，他的兴趣不仅在于产品生产工艺的设计，还包括这些工业步骤的环境影响。他曾有一段时间担任联合国发展计划署和世界银行等国际组织的顾问，为越南、中国、萨尔瓦多等诸多国家的工厂出谋划策，为它们提供改善经营状况的建议。

“起初我主要关注技术层面，”他回忆说，“但我最终意识到，我们面临的真正障碍绝不是技术，而是关于产品和工艺设计的决策以及组织的惰性。”

达拉踏上这条职业道路，缘于他对工作场所环境和全球供应链安全性的兴趣，包括工厂车间的空气质量以及工人发生事故的概率等。这些因素最终让他开始思考许多问题，例如事故发生的原因是什么。

“有这样一家服装加工厂，几乎所有的年轻女工都被切割刀切掉过手指，而且都是在深夜两点左右。为什么她们要工作到那么晚呢？因为美国零售商在向工厂施加交货时间的压力，这就意味着她们每天要工作 18 个小时。我在调查造成这些问题的根本原因时，发现这与经销商之间在价格、交货时间和服装款式的更新等方面的竞争有关，这些因素反过来会给工厂带来压力，促使它们加班加点地作业，导致工人过度疲劳而受伤。这些竞争又是怎样造成的呢？原因在于我们这些消费者。我们总是期望在最短的时间内、以最低的价格买到最美观、款式最新潮的衣服。归根结底，原因在我们身上，在于你我。”

这就是达拉现在的工作重心——找到让我们这些消费者了解产品真实影响的方法，从而在这些信息的基础上做出更为明智的选择。

在一次“耐克”事件中，达拉致力于改善工人健康状况和工作环境的热情为他带来了不小的名气。当时他正在与非政府组织合作，研究越南的制鞋厂。虽然他并非效力于耐克、阿迪达斯等公司，但需要与它们合作，帮助它们改进供应链的监管方法。

“我来到耐克公司位于胡志明市的越南总部，告诉他们工厂中存在的那些问题——工厂空气中有毒物质含量超标、工人的工作超时，并且经常抱怨受到了身体和语言上的虐待。耐克公司负责人听完后说：‘我们会解决的。’但他们并未采取行动。随后我联系了耐克公司位于俄勒冈州比弗顿的总部，对他们说：‘你们工厂里存在不少问题。’他们说：‘不会，我们没有任何问题。’他们完全不了解实际情况。”

于是，达拉在《纽约时报》上发表了一篇文章，将他的研究数据公之于众。这篇文章被刊登在报纸头版，吸引了全世界的目光。在公众印象里，“耐克”品牌立即与“虐待工人”挂上了钩。我们不得不说这是该公司在公关策略上的败笔。“总部的人终于亲自参观了那些工厂，”达拉带着满意的口吻告诉我，“他们发现的确存在很多问题。在供应链低端工作的人没有要把真相告诉高层领导者的念头。”

后来，耐克公司在改革工厂方面下了不少功夫，在全世界起到了模范带头作用。现在达拉会用充满赞赏的语气谈起耐克公司的变化。这次成功也激励他继续运用绝对透明体系的力量推动制造业和商业改革，但这一次的目标是要一次性地解决所有问题。“我们要在消费方式上实现突破性变革，从而改革全球供应链，”达拉说，“如果消费者开始青睐利用绿色能源制造出的产品，就会促使工厂使用绿色能源而不是通过煤炭发电来生产。”

“好导购”系统中的一个热链接可以帮助顾客直接向生产某件产品的公司发送信息——就像达拉想让耐克公司了解自己的观点一样,“好导购”也为顾客提供了这样一个机会。换句话说,“好导购”系统可以让顾客直接与公司对话，告诉他们“我很关心你们产品中的成分”，也可以说“我很喜欢你们现在产品中的成分”，或者“请给我提供一些你们产品的详细信息”。

这一功能可以将一种个人行为——某个人对某品牌的偏爱——转化为品牌经理所需要的市场信息。这一功能使公司及其顾客间可以展开有效对话，让公司得到大量的一手信息，洞悉顾客在考量其产品时的想法和感受。

“好导购”系统依据的是几十年来工业生态学的研究成果，这些研究运用极其精确的度量单位对各工业步骤和产品进行了标记。从传统意义上来说，庞大的生命周期数据库属于专利产品，只有制造业专家才能接触。“好导购”系统以用户可以利用的形式将这种原始资料提供给消费者，从而帮助他们购买到与自身价值观相符的产品。在“好导购”系统中存储着200多个数据库，但达拉承认：“不会有人想看到这些数据库中海量的原始数据。”他们只想知道最终的评审结果，就好像给红酒分级一样——“告诉我哪个是最好的就行了”。

就在我和达拉坐在他洒满阳光的办公室中谈话时，他拿起我的录音机，研究了一下它的型号，然后对我说：“我能告诉你这个小东西的能源影响。它产自中国，生产时使用的电力来自煤炭。要制造这个东西就要燃烧煤，就会对人体健康产生不良影响，例如引发呼吸道疾病。我们可以计算出由于这个录音机的生产而导致死亡率上升了多少，也许这个数字很小。但如果我们考虑到这款产品的生产总量，这个数字可就大得多了。”

“好导购”系统的测试版允许消费者用手机的摄像头拍摄下几乎任何一件日常生活用品的条形码，然后将图片发送到“好导购”系统的服务器上。用不了几秒钟，“好导购”系统的服务器就会将这个条形码转换为表示这件产品等级的条码，根据产品在环境、健康和社会三个层面的生命周期影响，用红、黄、绿三种颜色分别代表不同等级。如果你对某件产品的等级为什么是红色感到好奇，你可以登录“好导购”公司网站，查询分级的详细信息。

达拉毫不避讳地承认，整个操作系统的确有些庞大复杂、反应迟缓，因此有一些顾客不愿花费时间和精力查询“好导购”公司网站上的评价信息，但他认为手机是一个很好的转换平台。“我们正在建设一个系统，可以将影响分级信息发送给任何与产品相关的人。过不了几年就可以实现这个系统的嵌入，这样你不需要任何特殊装置，也不需要经过额外的步骤就可以得到你所需要的信息。”

达拉预计“用手机拍摄条形码”这一步骤将可以完全省略，而是在产品中嵌入电子标签，手机接收到射频信号后便能自动地显示红色或绿色等级。“好导购”系统还可以根据你的要求，对你通过信用卡购买的产品进行监控，根据你的切身需求，通过电子邮件的形式向你推荐更理想的替代产品。

一份定期的购物单并附上推荐产品信息，可以作为信用卡发行银行为顾客全家提供的一项服务。这样一来，顾客再去商场购物时就可以带上已经列好的清单，上面写着他们经常购买的物品的更好替代选择。达拉预测道：“我们以后还可以列出一份全面的购物清单，包括顾客每周、每月经常购买的各个种类的产品中的最佳选择，而且会根据顾客的需求持续更新。只要告诉我们你需要什么，我们就能为你提供建议。”

据达拉推测，在未来的一二十年内，美国企业会应州政府和联邦政府公开信息的要求，直接将这些有效信息印在产品包装上。达拉说：“在致力于将所有信息向公众开放的道路上，我们这个系统才仅仅迈出了一小步。”

无论顾客是以什么样的形式获得生态影响方面的数据，有一点毫无疑问，那就是数据越清楚越好。早期生命周期评估的反馈都是由工程师和政策研究人员设计的，结果导致后来的信息含义含糊不清，例如某件产品的“酸化潜力千克数”。除此以外，生命周期评估可提供海量的产品信息，任何人都不可能一次性处理这么多信息，尤其是漫步于超市货架前的时候。简单明了的好导购“绿–黄–红”等级系统就可以避免这样的问题。而那些十分关注这一问题并且想了解更多信息的人则可以上网搜索等级划分背后的技术细节信息。

“好导购”系统搜集了超过 8 000 万项关于原料、零件、产品和公司整体影响的独立评估信息，并将数百个独立数据库的信息汇集到了一起。其中许多数据库的信息都有专利权，可以出售给公司但不会对其他媒介公布。例如，社会责任投资基金的顾问许可投资者使用他们的数据库来评估股票价值并收取许可费。通过将这些数据库信息与“好导购”系统分享，他们第一次将这些信息对外公开。这个系统还开发了一系列的生命周期评估数据库。直至现在，这些数据库还是学术界和工业的专有领域。

达拉说：“我们进行如此广泛深入的调查，就是为了能够回答那些顾客以前从来没有问过的问题。证券分析师利用数据库是为了寻找最有价值的股票，而不是看什么产品对我和我的孩子来说最为安全，或者污染程度最小，或者工人待遇最好。我们希望为普通人提供足够的信息，让他们站在超市货架前时可以做出更合乎道德的选择。”

如果对公司整体（包括单件产品在内）进行评估，顾客就可以避免购买那些有不良记录的公司的产品。例如，在顾客选购面霜时，就会倾向于选择已经加入安全化妆品运动组织的个人护理用品公司的产品。当她经过各种同类商品时，她的汽车钥匙挂坠就会相应显示出红色或绿色，从而提示该产品的生态影响等级。

不同的人会重视产品的不同特性，“好导购”系统可以根据用户的不同需求进行定制，提供600多种评估产品影响的不同方法。这样一来，有些人可以根据对健康影响的不同程度来筛选产品，有些人可以根据道德标准来做出选择，另外一些人可能会根据自己关注的某些环境影响来评估产品。“好导购”系统提高了人们在购物时评估产品的精确度。“好导购”系统用户还可以设定自己关注的重点领域，这样一来，在产品的健康影响方面，“动物试验”就会比化学物质含量更重要。而一位新生儿的母亲可能会将她的关注重点放在商品所含化学物质的安全性上。

“我们希望为顾客提供他们所需要的信息，让他们在购物时能够体现出自己的价值观，”达拉解释说，“一些人在选择产品时可能会看其生产过程中是否有虐待动物或者导致生物种类灭绝之类的现象发生，其他人可能会看这件产品是否会提高儿童致癌率。有些人会看产品生产过程是否在附近区域造成了有毒物质污染，还有人会关心住在工厂附近的人们的身心健康。大家所关注的每个方面都是一个复杂体系中的一部分，但我们可以将这些评估信息中最能引起消费者情感共鸣的部分提供给他们。”

他还补充说：“我们不会强迫消费者关心哪些方面，只是想告诉你，关于一件产品的科学研究成果也很重要。”

“好导购”系统直接摒弃了“绿色营销术”，选择将产品背后的事实展现给大家。“如果一家石油公司的市场营销部夸耀他们种植了好几万棵树，或者他们的总部十分环保，”达拉说，“我们会将这些因素视为他们总体环境影响中的很小一部分。我们会帮助消费者关注产品最重要的影响。”

以电器行业普遍存在的节能星级评定为例。达拉说，在评估笔记本电脑时，大部分笔记本电脑的能效都很高。但顾客不能被这条信息一叶障目，看不到笔记本电脑的总体影响。其实笔记本电脑 90% 的环境影响都产生于制造和销毁环节，而非使用过程。“因此，笔记本电脑的节能评定，”他指出，“就笔记本本身而言其实毫无意义。”

“好导购”系统针对种类繁多的产品提供了可靠的综合评定信息。“好导购”系统在我们思想上造成的最深刻影响或许正是源于我们能够有所依据地进行产品间的比较。如果“好导购”软件逐渐普及，越来越多的顾客开始频繁查阅，整个市场一定会因此而发生巨大变化。

在我造访“好导购”公司时，该公司开发的软件最初版本可以将某类产品中的 5 种最佳选择与顾客正在考虑的那一种进行比较。当时达拉正在考虑是否加入一项链接，列出在当地哪家商店或者网上可以买到各个种类中最好的产品。只要顾客用手机向“好导购”系统发送一个 GPS（全球定位系统）定位信号，该链接就可以为顾客提供距离最近的、有更好产品出售的商店的地址。达拉当时正在和一家技术装备生产商协商，该技术装备中存储有全美商场中所有商店的产品清单。

“好导购”系统让一种理念成为现实，是绝对透明体系具体的运作实例。也许在商店货架实现高度透明之时，“好导购”系统不会成为最终的赢家，因为到那时，谷歌、雅虎、微软这些公司一定也会开发类似的产品，但“好导购”系统毕竟打开了一个全新的、充满竞争活力的市场。

虽然“好导购”系统拥有强大的数据库，但其覆盖的产品也只是市面上产品的九牛一毛罢了，巨大的信息缺口依然存在。每一项科技创新都是从最初的版本起步，如果能够确立市场地位，就可以稳定地持续更新和升级。

正在达拉为“好导购”软件展望未来之际，一位程序员进来告诉我们，系统已经就绪，可以进行用户检测了。这时我才想起这个程序才刚刚起步。一位软件技术人员宣布仪式开始后，达拉走到控制台前，我看到他的电脑“回车”键上放置了一张薄纸板，上面画着一个很大的红色按钮。随着制作“好导购”软件的十几个幕后英雄走到台前，他按下了那个红色按钮，现场爆发出一阵欢呼声和掌声。

这时有人兴奋地大喊：“我们的软件发行啦！”话音未落，

100 位“环保妈妈”同时收到了一封电子邮件，引导她们开始接触“好导购”系统提供的评价信息，勇敢地迈出了走向“绝对透明”的全新世界的第一步。

三思而后行的消费者

有一天，我像往常一样在我家附近的超市里挑选意大利面酱汁。我一边随意地将目光扫过货架，一边任思绪漫游。就在我把手伸向我最钟爱的品牌时，另外一种酱汁吸引住了我的目光。它装在一只深色的塑料瓶中，不知道为什么引起了我的好奇心。

凑近去看，我发现它的标签上写着:“本包装瓶不含BPA，可用于微波炉加热、冷藏，且可无限期循环利用。”

BPA是一种用来加固塑料的化学物质，与雌性荷尔蒙的化学结构类似。说来也巧，我那个星期正在阅读与BPA有关的材料，想了解从塑料中渗透进食物和水的BPA是否会引起人体内分泌系统紊乱。我拿起那只不含BPA的瓶子，想象自己整理厨房中可重复使用容器的情景——我扔掉所有含BPA的旧塑料瓶子，全部用这种酱汁空瓶代替。

不过，这种情况属于个例，并不十分普遍。在我们购物时，感官会让我们感觉到周围能够立即映入眼帘的东西——那件样式新潮、做工精细的外套；降到了最低点的促销价；或者走过咖啡店门口时让人垂涎欲滴的咖啡香气。我们的购买决定往往取决于这些感官印象，而非一些关于全球变暖的最新警告的模糊印象，或者一则有关化学物质中毒的新闻，或者在哪家网站上扫过几眼的某个亚洲血汗工厂的残酷场面。

在一个游荡于超市货架间的消费者的眼中，生态竞争以及类似的竞争仿佛都发生在别处，只是自己脑海深处模糊的印象罢了。在商店里，沉浸在让人心情愉悦的轻音乐或者热闹非凡的说唱音乐中，消费者穿过拥挤的人群，穿梭于各个货架间。货架上堆满了等待你购买的商品。与这些商品背后隐藏的生态影响相比，更加吸引眼球的是商品包装上醒目的标志：特价促销！升级版！低脂肪含量！

这些分散注意力和混淆视听的迷雾给那些希望顾客注意到自己将要购买产品的生态影响的人们带来了挑战。我们的注意力只是一种有限的能力，很容易被眼前的东西占据。在这种时候，若想让记忆深处的某些片段进入大脑的意识范围，可要花费一番力气和功夫。

在购物时，我们大多数情况下都会处于这种无法正常思考的状态之中，任凭自己的思绪被那些更有趣的信息吸引过去。这种注意力的暂时分散很容易让我们意识不到自己所购买物品的关键信息。即便我们有这种意识，我们也很容易会让一个促销价、一种新包装或者一个简单的购物习惯决定了我们的选择。就在做出选择的关键时刻，我们轻而易举地忘记了那些我们平日关注的新闻报道或者消费指南中的内容，而这些内容本来可以提醒我们在挑选商品时趋利避害。因此，购物行为在很大程度上会被惯性的假象误导。

“好导购”软件及类似的软件可以戳穿这种假象，让消费者注意到我们所购买物品的实际影响，适时地抓住我们的注意力，在我们需要的时候为我们提供关键信息。当然，我们站在一家商店的货架前暂时陷入记忆丧失状态时极有可能会忘记使用“好导购”软件。因此，我们还需要多做一项工作——让咨询“好导购”系统成为一种习惯，让它成为我们即便是在思绪漫游时也会做出的自然反应。

一旦顾客从恍惚状态中惊醒，开始将注意力集中在一件产品的某些特性上，顾客的精神状态就会发生极大的转变。“留心和注意指的就是注意一些东西的新特点。”埃伦·兰格（Ellen Langer）说。她是哈佛大学的一位心理学家，已经研究“注意力”数十年了。

虽然听起来毫无新意，但“注意力”这个概念在市场营销领域极为重要。拉拢顾客的竞争从本质上来说就是吸引顾客注意力的竞争。顾客开始注意就意味着大脑运转的改变，本来是按照长期、常规的习惯像条件反射般自动运转，突然转变为主动产生意识，也就意味着接收新信息，做出新选择。随着新信息输入大脑并改变了顾客的喜好，从一个品牌到另一个品牌的转换就在这种注意力的转移中完成了。[1]

“如果在对 5 种商品进行比较后，最终选择了购买商品甲，”兰格告诉我，“这比你仅仅考察一种商品后就购买的感觉要好得多。主动、留心的思考可以增强你对某种品牌的忠诚度。这样你在下次购物时极有可能还是会选择商品甲。”

雷伊纳·凯勒（Raina Kelley）是一位记者，曾经体验过一个月的环保主义者生活。他这样表达了自己的感想：“我真的认为，让我留意自己对整个地球的影响，这简直会把我逼疯，但最终我觉得这是我在这 30 天里做过的最有意义的事情。你越是了解自己的食物、衣服、娱乐用品的生产过程，就越有可能做出符合道德准则的选择。”[2]

兰格的研究表明，主动的关注可以带来非同寻常的益处——无论你关注的是什么，都会增强你对它的切身感受。在生态透明体系内，这就意味着一旦顾客开始使用“好导购”系统，他们就会更加享受购物这个过程。“由于关注这一行为本身内在的愉悦感，一旦开始就会自动持续下去，永不停止。”

从这个意义上来说，购物就变成了一种游戏。这与一种商业理念相符合，那就是倡导食品店在其售卖的食品包装上贴上标有营养成分的标签。这样做并不只是为了改进顾客在营养方面的选择，而是增强他们的购物体验（从而延长他们在商店的逗留时间）。

首先要让顾客使用“好导购”系统这样的软件。当我向兰格提起这个想法时，她向我提供了一些建议。第一条建议就是让购物成为一场真正的游戏。如果零售商想让顾客在商店逗留时间延长或者增强他们的购物体验，可以在收款台处放置一个指示牌：您今天找到最环保的商品了吗？这样可以提醒那些排队等待结账的顾客关注生态透明体系，让他们下次购物时更有可能查询“好导购”之类的系统。或者也可以在入口处放置类似的提示信息，提醒消费者使用“好导购”系统。

从技术层面讲，这种提示信息可以使头脑“做好准备”：[3] 在大脑中对行动进行思考从而做好行动的准备。做好准备工作可以引导我们完成日常的生活惯例——就像我们洗手盆边上摆放的牙刷可以引导我们早晨起床后刷牙一样。做好准备可以让我们按部就班地行动，不必考虑下一步该做什么，该怎么做。这样就可以让我们的大脑腾出空间来从事其他的工作，例如同时做几件事情——在杂货店中边走边打电话，一边任思绪游荡，一边挑选出自己一向购买的物品，或者在购物的同时查询生态透明系统。

“好导购”之类的软件所提供的评估信息还有一个用途，那就是可以让有创意的零售商在货架上的商品价格标签旁边贴上产品的评估信息，以方便顾客选择。这样一来，顾客走在货架间的走道上时，可以省略用手机拍摄条形码这一步骤，一眼望去便能看到商品的评定级别。顾客几乎不费吹灰之力就能享受到生态透明的好处，这对大部分消费者来说都很有吸引力。

先打开手机，再用摄像头对准条形码，然后拍照——这一系列动作所带来的麻烦可能恰恰成为许多顾客使用“好导购”系统的障碍。乔伊·古林（Joel Gurin）曾任美国消费者协会的执行副主席。当我向他简单介绍了“好导购”系统之后，他这样告诉我：“我不敢确定会有多少人愿意这么做。《消费者报告》曾经搞过一项类似的活动，顾客可以将我们的产品评级信息下载到手机上。如果你在百思买购物的话，购物的同时就可以上网查询相关信息。虽然这是项很有用的服务，但用户数量十分有限，比网民的数量少多了。”

如今，我们识别商品中含有哪些问题成分的能力还很有限，甚至几乎为零。然而，即便我们知道一两种有害物质，谁又有耐心去阅读一个冷冻比萨饼或者地板蜡的一长串抽象的产品成分，然后去和其他品牌的产品成分列表一一比对呢？然而，“好导购”软件的发行表明，我们即将迎来这样一个时代，那就是我们不想费力进行的工作，别人都已经替我们完成了。剩下的问题是这样做会带来什么样的改变。

巴巴·希弗（Baba Shiv）是斯坦福商学院的一名神经营销学研究员。当我和他讨论绝对透明体系时，他的第一反应是提出了这样一个疑问：“如果这样做的最终目的是通过为顾客提供更多信息来帮助他们选择更加环保的产品，那么我们需要确定的是，顾客知道更多信息之后就一定会改变自己的消费习惯吗？”

希弗评价说：“消费者的注意力都很分散，生活中有许多琐事需要他们操心，这就大大降低了他们对自己所注意到的事物的工作记忆能力。他们无法保持在全神贯注状态下的认知能力。如果我们的注意力分散了，我们对情感冲动的约束力就会降低，很容易被眼前最吸引眼球的东西吸引，根本不会去考虑后果。”

“那么多年以来，”希弗补充说，“虽然顾客能够看到商标上注明的卡路里、营养成分和反式脂肪酸含量，但产品的销量并没有受到这方面信息的影响。因为对消费者来说，他们在做出选择的时候并没有清晰的比较依据，无法知道产品甲就要比产品乙好。产品甲有一些优点，但也存在缺点。产品乙也一样。在做出这种物品间的比较和权衡时，我们用感性解决了这个问题。到底选择哪件商品取决于哪一件产品的优点更能引起你强烈的共鸣。

“如果你是一个关爱孩子的母亲，而且在做母亲之前完全不了解什么样的产品能更好地保护孩子的安全，这时忽然有一种装置可以让你了解哪些产品含有有毒物质，哪些没有。这种情感上的影响就会决定你的选择。这种信息是很有说服力的，让你在‘头脑一热’的情况下产生了认可，感性压倒了理性。这种信息能够影响消费者的决定，从而影响产品的市场份额。”

第八章

微博时代的生态商

2007年，汇丰银行英国总行为了对在校大学生和刚刚毕业的大学生进行宣传，以拓展业务，专门针对这一群体开通了无须支付透支利息的支票账户。当年8月，汇丰银行发现这项业务成本过高，必须终止。汇丰银行的战略思路是，毕竟这些新客户转行的手续比较烦琐，因此政策的改变不会导致银行损失太多客户。

然而，银行家在做出此项决定时并没有考虑到韦斯·斯特雷汀（Wes Streeting）的反应。韦斯是剑桥大学学生会的副主席，他被汇丰银行这一举动激怒之后便在Facebook（脸谱网）上面开通了一个网页，叫作“汇丰银行，停止诈骗学生行为！”看到这个网页的学生转而又去提醒他们的朋友。这个消息就像电波一样向四面八方传播开来。

没过几天，数千名学生加入了这一反抗活动。他们迅速将其他银行不会收取滞纳金的消息传播开来，并公开威胁要断绝与汇丰银行的一切交易。他们开始组织抗议活动，计划9月到这家历史悠久的银行总部大楼前举行游行示威。

在意识到此次网上客户抗议活动的严重性后，汇丰银行担心再次发生公开的抗议活动，因此在斯特雷汀发帖后仅仅几个星期内，汇丰银行的态度发生了逆转。因为当初汇丰银行怎么也想不到，客户的不满情绪会通过网络像病毒一样传播开来，影响日益扩大，而且组织有序。

这个发生在汇丰银行身上的故事充分表明了降低信息成本与信息共享的双重市场力量。它所产生的放大效果意味着一个人人共享信息的网络可以填充信息鸿沟，消除信息不对称。纽约大学社会计算学教授克雷·舍基（Clay Shirky）认为，汇丰银行的故事是一个具有重大影响的事件。据他观察，数字革命催生了新型的信息共享形式，[1] 而且如今的网络比人类历史上任何一个时期的传播范围都更广泛，覆盖面都更广阔。

消费者群体不再是由彼此孤立、沉默不语的独立个体组成。自由分享信息的能力使他们产生了一种集体意识，而这种意识可以引起协调一致的反应。消费者可以一起将自己的意见反馈给商家，力量比以往任何时候都要强大。

诸如微博之类的即时通信工具可以让消费者在漫步于超市中时就能将自己的想法群发给好友。这也意味着消费者之间的连锁反应可以从某个不满的（或是满意的）消费者那里开始。在第七章中，我曾提到过的“好导购”软件（同时也提到了绝对透明体系）内在的最强大的市场力量也许正是其内置的通信能力——只需轻轻一点就能将一件产品的评级信息群发给网上好友。群中的任何一个人又能将这一信息发送给其他好友，同样也是点击即可，就这样一直传播下去。

这些数字工具揭开了产品的神秘面纱，将隐藏在公众视线之外的原始信息公之于众——制造过程、原料毒性、工人工作环境等，无论结果是好是坏。它们改变了市场信息的生态系统。正如瑞士制药业巨头诺华制药公司的董事长兼CEO（首席执行官）丹尼尔·魏思乐（Daniel Vasella）所观察的那样，信息技术已经实现了商业的转变，创造了一个“无边际的世界”，而这个世界周围曾经围墙林立。如今，互联网已经势不可当地推翻了公司之间用来封锁产品信息的围墙，将产品的多方面影响传播开来。放在过去，这些信息从来不会出现在公众视线之中。

我有一个朋友叫比尔·乔治（Bill George），是哈佛商学院的教授。我曾向他提起我的一个想法，就是建立一个网站，让消费者可以登录后查询某件产品的具体信息。比尔曾任美敦力医疗科技公司CEO，现在是塔吉特百货集团的董事会成员之一。无论在哪个公司，比尔都一直大力提倡合乎道德的领导方式和经营方式。[2]比尔听到我这个想法后马上提出了一连串的问题："首先我想问你，对产品进行评级的人们动力何在？网站运营的动力又是什么？网站的经营模式是什么样的？你为什么可以信任这个网站？"

沃尔玛的一位管理者也表示了同样的疑问。他说："这就像一个简化之后的计分卡，我凭什么相信它？"他不赞成的原因还有一个，那就是"顾客不希望了解这些信息，太复杂了，太多了"。

我将这些疑问和反对的声音告诉了"好导购"公司的达拉·奥罗克。他给出了这样的回复："我做这一切的动机很简单，那就是作为一个5岁孩子的家长，作为一个公民，一个消费者，我想为大家提供这些信息，这样一来，像我一样的家长就可以为自己和家人做出更好的选择。"

至于商业模式，"好导购"公司尚未确定。目前该公司的运营依靠创业基金支持。和许多刚起步的企业一样，该公司的员工一心只想将业务建立并运转起来，而不是考虑日后的钱从何而来。"我们只想将这些信息传播给消费者，而且完全免费，"达拉说，"我们的确需要找到赢利方法，但这不是我们现阶段要考虑的事情。"

说到将复杂信息简化和保留其详尽性之间的矛盾，达拉解释说，他们将设置两种风格不同的登录模式，“第一种模式清晰易懂，第二种模式信息详细”。

但达拉也同意，要想让“好导购”得到广泛推广，首要任务就是建立起公众对该软件系统的信任度。“我们都过分强调这一点，因为我们是学者，”达拉说，“但我们必须保证数据的准确性。我们欢迎任何人索取原始数据信息进行检验，以确定我们并没有杜撰这些信息，同时我们也会将技术细节完全公开。”

像“好导购”这样的软件的确需要实现完全透明，不仅要公开其信息资源而且要公布其进行评级的标准。但汉纳福德超市率先实行的“三星”营养评级系统就不必如此。汉纳福德是缅因州的连锁购物超市，该系统是由来自达特茅斯大学等机构的营养学家组成的顾问团开发的，专利权属于汉纳福德及其他几家食品零售超市的股东——比利时德尔海兹集团。该集团希望授权给其他连锁超市使用该系统，大概是想让“三星”评级系统成为其增加收入的来源，[3] 同时也是为消费者提供的服务。

德尔海兹集团的“三星”评级系统的原理是利用一个复杂的对数系统对食品中所含的营养物质进行分析。在对数方程中，每一种营养物质都有一个权重，最后将各种变量归结成一个分数来评价某种食品的总体营养价值。和其他同类对数方程一样，该方程式也包括一系列潜在的考量活动，例如如何解读和判断营养健康方面的各种科学发现的价值。虽然这些评判绝无恶意，但不可避免地会带有一定程度的主观性。更重要的是，这个过程并没有受到公众的监督和质疑。由于该信息系统具有营利性，评级公司的竞争优势就在于对评级的对数方程保密。

亚当·德莱诺夫斯基（Adam Drewnowski）是华盛顿大学营养科学项目组的主任，他也负责开发了一套食品营养评级系统。在这个系统中，任何食品的评级信息都可以通过一个简单的分数、星级或者字母表示出来。但德莱诺夫斯基的系统是完全透明的，且不以营利为目的。他正计划将详细的信息在学术期刊上发表出来。这样，他进行评级时所依据的理论和原理就会完全向大众公开，接受所有的同行及其他人的审阅。

虽然这些营养评级系统都没有明显的软肋，然而一旦追逐私利的组织控制了某个评级系统，就会破坏所有系统评级信息的可信度。有人可能会说，避免这种冲突出现的最好方法就是保证评级系统在运行过程中的完全透明。

一家名为“肌肤深处”（Skin Deep）的网站就可以评估个人护理产品的相对安全性，并提供这样一种透明度。对刚开始接触它的人，该网站会公开其赞助组织——环境工作组（华盛顿一家非营利机构）。网站还公布了它在对某种化学成分进行评估时所依据的科学研究种类。例如，“已有一项或多项研究证明大剂量使用该成分会导致肿瘤的形成”，或者“一项或多项针对哺乳动物细胞进行的试管实验显示出了良性的变异结果”。并且网站还会公布某种产品评级的过程。

这样一来，网站的访客就可以根据某种产品的成分有多少数据资料，来判断某项具体评级的可信度。在该网站评出的10款安全性评级最差的洗发水中，对其中一款洗发水所含的50种成分，该网站说明其中93%的成分“无相关数据或极不确定”，89%没有经过食品药品监督管理局检测，45%没有经过行业检测。根据该网站统计，数据或信息缺失的产品达到80%。即便如此，那些已经经过评估的成分也会对人体健康造成极大的威胁。这足以让它们进入黑名单，而这些洗发水全部没有引起人们的关注。

在房地产浪潮达到高峰之际，一家叫作“Zillow.com”的房地产信息服务网站引起了美国潜在的买房者和卖房者的广泛关注。短短一个月内，该网站的访问量就达到了400万人次。Zillow.com运用一个复杂的人工智能对数方程对与房价有关的海量信息进行了仔细检查，并根据地区邮政编码进行分类，最后针对某一幢具体的房屋进行鉴定，评估其合理的市场价格。Zillow.com网站显示了信息科技甚至可以应用于房地产这种复杂的行业，并将各种复杂的变量转变成简单易懂的数据。在这个事例中，具体说来就是房屋目前合理的市价。

Zillow.com的创建者里奇·巴顿（Rich Barton）却毫不掩饰地承认，任何最终数据“都会和原始信息有一定区别，而且会存在不少漏洞和不准确信息”。[4] 为了弥补这一缺点，Zillow.com将其信息系统完全开放。这样房主就可以进行信息更新，或者更正有关自家房屋的不准确信息，或者进一步提供房屋的细节信息，例如共有几间浴室或者是否安装了太阳能。

“好导购”软件系统也鼓励这种反馈信息。达拉表示：“如果大家在我们的系统中发现了错误，请及时告诉我们，我们一定会进行更正。我们也期待商家的加入，这样他们在对我们已经评价过的产品进行更新换代后就可以告诉我们，‘请把相关数据发给我们，我们会重新对它进行评级’。我们十分欢迎商家提供数据，也希望各位用户能够告诉我们在评级过程中他们最关心的是哪些方面和内容。这样我们就可以进一步提高透明度，提供更有效的信息。”

欧洲一家组织也依据同样的原则，开始开发一部名为“可持续维基百科”的开放型辞典，主要介绍日常生活用品的背景资料。比如，输入“花生酱”，你就可以查找到与花生酱有关的所有信息资料——它对人体健康、生态环境以及社会层面的影响等。该辞典的设立目的是实现产品生态信息的持续更新，可以由行业专家和全体公民共同输入，然后由经验丰富的专业编辑人员进行统一管理。

以上社会实践所遵循的原则，例如实现评估信息动态化以及对某种信息类型最了解的行家应当能够补充最新数据，都是实现市场透明的关键运营规则。当然，像“维基百科”这种资源开放性的数据库也认识到，这种开放性同时也意味着存在有人故意输入错误信息以扰乱系统的风险。Zillow.com每天都会碰到这种情况，但巴顿对此做出的评论很有启发性：“一旦你打开了信息大门，你就很难再将其关闭。我的观点是，没有任何信息是可以隐藏得住的。仅此而已。每个人都是身边一切事物的汇报者、记录者和评价者。与这股力量做斗争就像摆脱地球引力一样难。”

顾客都在寻求更加全面和准确的信息，尤其是商家不希望曝光的产品信息。因此，对他们来说，这种允许公众添加自己对某种产品、制造工艺或者公司所了解信息的开放式网站无疑是一个福音。我的一位律师朋友告诉我，有一次他和一位朋友聊天，这个朋友是附近一家大型加工厂的负责人，就连他也无可奈何地承认，他的工厂依然在向当地河流中“倾倒许多垃圾”。我们先不管这些“垃圾”究竟是些什么东西，现在我也不能确定这一说法是否准确，但像他这样的不知名工厂厂主在美国可能有几百万人，他们就是了解这些信息的内部知情者，他们当中的任何一个人都有披露信息的可能性。由此可见还有一大群可以提供信息的人，他们身上有着巨大的潜力，能为公众获得此类信息做出不可限量的贡献。

这种“告密”行为就能满足实现市场透明的需要吗？可以，至少在内部知情者提供了真实、可信而又详尽的信息后，消费者可以参考这些信息来更好地决定是否购买某件产品。但这样也存在一定风险，那就是这类信息有可能出于某种恶意被歪曲或者夸大了。

因此，绝对透明体系若想赢得公众信任，就应具有权威性，做到公平公正且包罗万象。“有权威性”指对产品影响进行评估的机构应熟悉该领域，了解该领域内的制作工艺。某个行业内部可以联合与当前问题相关的专业技术人员——无论是流行病学家、毒理学家、工业生态学家、审计师还是其他人，在产品评级方面设定标准。

“公平公正”要求任何对产品进行评估的人与产品销量都没有利益关系。在特定情况下，市场透明体系不妨设立“检查专员”（或专门调查舞弊行为的人员）这一职位。这一职位应完全独立，任何认为某项评级不公正或不准确的人都可以向其反映或揭发。

“包罗万象”则要求在对某件产品的影响进行评估时，应从多个有意义的层面进行考察，范围全面而不应局限于一个层面。例如，虽然“碳排放量”这一指标相对来说比较容易测量，而且符合公众在气候变化方面的关注点，但环境影响的范围之广绝不限于碳排放。这就意味着要对产品生命周期的全过程——从制造（甚至在此之前的成分来源和提取或者原料的生产）到销毁——进行评估。一件产品的评估也应包括三个方面，如果太阳能的利用会释放有毒物质或者对工人的身体健康造成威胁，就不能简单地将其定义为环保能源。

微博时代的来临

变革的来临并非仅仅因为新技术的诞生，只有当新技术广泛引发全新行为时才算变革。因此，绝对透明体系只有在初具规模之后，才能称得上是一种市场力量，广大消费者才能基于其提供的信息做出个人决定。随着“好导购”之类的软件的出现，消费者获取商家提供的信息之外的额外信息的成本大幅下降。

由于社交网络的发展，现在一位普通消费者对某件产品的反应也有可能形成一股力量，甚至可能引起公众对该产品的联合抵制或集体追捧。舍基告诉我：“这些网络加快了信息的传播，这种方式是前所未有的。商家所收到的许多负面反馈都来源于用户群。如果有人想到其他消费者和自己一样气愤，就有可能代表数百位消费者采取行动。网络论坛里关于你的品牌的直接讨论会使你不快，而消费者之间的谈论和抱怨广泛传播开来，就会让更多的人感到愤愤不平。”

现在的年轻人之间的联系方式与上一代人不同，他们要依靠彼此来获取可靠的信息，同时对上一代人所依赖的资源不屑一顾。因此，一旦消费者——尤其是日后的消费者——对透明体系所提供的产品信息感到喜悦或不满，他们会立即将自己的感受告诉他人，并传播出去。

达拉猜测，青少年会觉得“好导购”这个系统很酷，可以成为提升自己人气的一种工具，因为他们可以通过这个系统知道哪种滑板或者电子游戏机更加环保，令朋友刮目相看，或者让朋友得知他们一直钟爱的某件产品其实危害很大，从而大吃一惊。

这种可能性是很大的。斯坦福商学院的“病毒营销”课程的两个学生项目取得的巨大成功就可以说明这一点。[5] 这个学生团队为Facebook设计了两个应用软件，一个是“性感发送”，可以让用户在自己的Facebook好友中选出10位最性感的朋友；另外一个是“亲吻我”，可以向好友发送虚拟的吻。在短短一个月的时间里，这两个应用软件就以每天大约10万人的速度被上百万用户安装，[6]“性感发送”的用户在短短三个月的时间里就达到了200万。

达拉·奥罗克认为，这种病毒式营销应该是“好导购”系统中传播产品信息最有效的手段之一。“现在这些应用软件还很不成熟，”达拉承认，“但总有一天它们可以传播这一信息。我们正在寻找让朋友互相联系的新方法，让朋友圈无限延展下去。这样用不了几个星期，就能实现从零到上百万的突破。”

但舍基对这种病毒式传播方式的持久性提出了质疑，这种传播方式类似于“好导购”系统中的一个功能。消费者可以在朋友圈内分享自己对产品的好评或差评。“大家都认为随着朋友圈子的扩大，信息就能从10人传播给1 000人，”舍基评论道，“但大多数信息对一个小型群体价值较大，对一个更大的群体来说价值就会减弱。如果你收到的信息来自泛泛之交的朋友，你就不会把它继续广泛传播下去。”

舍基认为，如果来源于“好导购”系统的信息可以由一些专门机构（例如“环保消费者俱乐部”这种针对某一产品领域的机构）来进行接收和处理，并将这种正面或负面信息传播给气味相投的群体，那么绝对透明体系的重要性就会大大增强。“如果这种信息不仅仅是在好友之间传播，而是由专门机构的活动家为了公众利益而传播，就会更加有效，传播范围也更广泛。一个小型群体可以将这些信息自我消化后再传播给大众。他们可以每次针对一类产品或一个领域，例如洗洁精。其他专门机构也可以联合起来，分享信息，了解哪些品牌的产品有毒物质含量较少，并且采取相应行动。”

“好导购”系统的一个明确目标就是为各个有共同兴趣并聚集在一起利用信息来促进改变的群体充当催化剂。“活跃的顾客可以到YouTube之类的网站上去，发帖告诉大家：‘我们是反对使用邻苯二甲酸盐的妈妈。’”达拉·奥罗克说，“或者某个品牌的忠实顾客可以告诉商家：‘我十分喜爱你们的产品，并且希望继续使用，但其中为什么会含有可疑的致癌物质呢？’”

最急于采取此种策略的可能就是诸多致力于促进生态和社会公正的小型公益组织了。据环保活动家保罗·霍肯（Paul

Hawken）估计，这些组织的数量超过 100 万。对许多这样的组织而言，无论它们关注的是拯救秘鲁的热带雨林还是美国皮奥里亚市倾倒工业有毒物质的工厂，绝对透明体系都可以为它们提供有用的最新信息，来煽动消费者的愤懑情绪，达到迫使商家改变所作所为的目的。

在印度一家可口可乐饮料瓶加工厂的附近，农民都会用制瓶过程中排放的工业淤渣来为农田施肥。后来几家活动团体在实验室中对淤渣中的重金属含量进行了分析，并将检验结果在网上公布。他们组织了抗议活动，吸引了全印度媒体和BBC（英国广播公司）的注意，最终法院下令关闭制瓶厂，[7] 导致印度可口可乐的销量下降。可口可乐公司采取了一系列积极措施予以回应，并做出了改进。

这些实例都很好地验证了阿肯·冯（Archon Fong）对市场信息进化的预测。阿肯是哈佛大学约翰·肯尼迪政府学院的教授，也是市场透明及其影响理论研究的开拓者。他领导的研究小组认为，第一代透明市场是被动公布信息的产物，例如与知情权有关的法律允许公民从政府获取信息；第二代透明市场也出于强制，政府规定公司必须公布产品的难以察觉的风险或益处，例如越野车的安全性能、二氧化碳排放水平或者食品中含有的营养物质或过敏原。

第三代透明市场超越了自愿或政府强制性的信息公开，是由警觉性极高且积极活跃的消费者所推动的“绝对透明”。汇丰银行及可口可乐公司的案例表明了公众共享信息如何引发了市场内的良性变化。现如今，网页及博主所披露的市场信息也经常会导致某个公司针对消费者的意见做出改变。这些由顾客推动的商业改变并不会引发敌意。阿肯教授认为，第三代透明市场最理想的状态应当是商家与顾客之间的协作比以往任何时候都要全面。先进的公司应当有条不紊地接受顾客的反馈信息，并将这些顾客的关切纳入公司政策之内，从而使研发工作或者供应链管理的重心与顾客利益一致。

特里·莱希（Terry Leahy）爵士是英国大型连锁超市乐购公司的CEO，他为所有希望更新信息系统的企业树立了最佳典范。莱希勇敢地接受了一个挑战——对乐购商店中 7 万多种商品的碳足迹进行系统评估，并标注在商品标签上。英国的食品供应商都承受了来自乐购超市的压力，要对某种食品的碳足迹进行追踪记录。如果他们不能提供相关数据，就会面临失去大批订单的威胁。后来，英国政府发起并制定了一系列标准，用于评估食品和其他多种消费品的碳足迹，部分原因就是受到了乐购公司的启发。该措施的目标是制定一套全世界通用的统一标准。[8]

在即将实现透明市场的当下，阿肯教授预测消费者将掌握各类信息公布和传播方式的决定权。他认为，“好导购”系统是市场透明新时代的先驱，将会加速企业做出良性反应的步伐。

一些公司已经对其他公司施加了这种压力。我的一个朋友早上从奶箱中拿出订购的“石原”酸奶，发现封口的锡箔纸上印着这样一条信息：“拿起你的手机来对抗气候变化吧……在购买产品前请用你的手机来监督公司在环保方面的表现，只要发送短信‘cc+公司名称’到 30644 就能立即得到回复。”上面还印着一个网址：www.climatecounts.org。网站上解释：“本网站希望号召消费者与各公司一起行动起来，在对抗全球气候变化过程中齐心协力。我们是由石原集团赞助的非营利组织，并与洁净空气-清凉地球公司共同发起本次活动。”

从这个网站上可以查询到大约 60 家大型公司的评级信息，这些公司的范围涵盖了服装、食品及家居和电器行业。和“好导购”评级系统类似，这些公司也会根据“红-黄-绿”三色等级系统进行评定，并针对公司在减排方面的表现进行更加详细的评估。在每一家公司的评分主页上都有一个可发送顾客评价的链接。

这个酸奶瓶盖最让我感兴趣的地方在于，生态信息透明的实现并不是某个活动团体发起的运动，而是作为一种可为产品加分的宣传手段出现在产品上。一家企业利用对其他企业生态影响的评估，作为自己的竞争优势。

这种第三代透明市场的另外一种实现方式是这样一家网站——将大众口吻和保护消费者利益的使命与行业内知情者（包括化学和工业工程师、工业生态学家、系统分析师和毒理学家等）所发布的含有大量信息的帖子综合在一起。他们可以详细公布供应链远端的更新和改进，并解释这些改进将使最终成品具有什么优点。这种网站不仅能吸引个体消费者，还能吸引那些想要改进产品的决策者，无论他是处于零售业还是制造业的某个环节和步骤。我在第十四章会和大家一起探讨这种网站的雏形——“地球人”（Earthster）项目系统。

对消费者而言，即将到来的实现生态透明的数字时代意义深远。正如舍基所说：“虽然它会干扰你的生活，但有了它以后你就能做出更有益的选择。如果你告诉我，食品之狮超市比克罗格超市更注重环保，我可能就会改变自己的购物地点，同时市场压力将转移到克罗格超市身上，促使它按照这些思路进行竞争”。

第九章

你愿意购买高价的环保产品吗

> 该毛巾是在公平合理的劳动条件下，在安全健康的工作环境中生产出来的。生产过程中不存在任何劳工歧视现象，且管理人员一致尊重工人的权利和尊严。

我是在一个名为“公平合理”的品牌商标上读到这条信息的。这是曼哈顿一家时尚家居用品商店中销售的一种毛巾的品牌。这一品牌的毛巾自上市后就一直销量惊人。与货架上其他没有这一信息的毛巾相比，该品牌毛巾连续5个月的销量持续上升。[1]如果将这一商标转移到其他类似的毛巾上去，那么该品牌毛巾的销售优势——上升了11%的销售量——也会随着商标转移。

最令人吃惊的是，在该品牌毛巾的价格上调后，毛巾的销量上升得更快了。价格上调10%后，“公平合理”系列毛巾的销量增加了20%；价格上调20%后，销量一下子增加了62%！

开展此项调查的是哈佛大学的两位政治学家——迈克尔·希

斯考克斯（Michael Hiscox）与尼古拉斯·史密斯（Nicholas Smyth）。他们据此推测，毛巾的高定价使其所宣称的非同一般的工作环境更加可信。他们认为，调查结果显示这种道德商品具有巨大的市场潜力。

当然，我们也应考虑到这一现象的发生地点是一家高档商店，它的顾客群依据市场类别应被定义为“价格敏感富裕人群”。这个群体会将一件商品包含良性信息的商标与质量画等号，如果产品符合自己的关切和要求，他们愿意花其他产品两倍的价钱来购买。也许有人会说，大多数消费者不是更关心商品的价格而非其他特征吗？

来自中低档商店的调查数据却较为混杂。俄勒冈州立大学的研究人员在家得宝家居商店进行的调查发现，如果带有环保标签的产品与普通产品定价相同，那么前者与后者的销量之比为 2∶1；如果环保产品的价格调高 2%，[2] 那么二者的销量之比会稍低于 2∶1。然而，在底特律一家工人阶层社区的商店内进行的调查结果却迥然不同。调查人员在一捆袜子上贴上标有“公平工作条件”字样的商标，质量相当的另外一捆袜子则没有这一商标。这两种袜子的价格也不同。结果大约 1/3 的顾客愿意多花 40%的钱来购买带有商标的产品。如果二者的价格相同，[3] 这一环保标签就发挥不了任何作用。研究人员由此再次得出了高价格会使环保标签更可信的结论。

“产品的环保特性会增加其价值”这一说法在最近的人脑研究中也找到了依据。来自加利福尼亚技术研究所的神经经济学家希尔克·普拉斯曼（Hilke Plassmann）在其针对顾客决策的研究报告中总结道：“我们头脑中关于价格的概念会形成对产品的预期，从而影响我们在购买时的思考和决定。”当我们衡量某个品牌的时候，大脑的活动就会显示出这种影响，将价格与质量等同起来。低价格会降低我们对这件产品的期望值，高价格则会提高我们对它的预期。

普拉斯曼让参与实验的志愿者饮用一种酒，并告诉他们这是打折时买来的酒。结果他们认为这种酒没有另外一种价格较高的酒味美，但其实每个杯子中的酒都完全相同。[4]“我们会觉得价格高的酒更加味美，”普拉斯曼总结说，“但其实这是一种源于大脑权衡活动的认知偏见，这种偏见让我们期望它更好，随之影响我们的体验，于是它品尝起来的确会更加味美。”

那么，当牵扯到产品的环保性能时，我们是否也会产生类似的认知偏见呢？普拉斯曼认为这是肯定的：“大脑中可能会有一种道德意识，例如‘这件产品对环境影响不好’，这种意识会控制大脑的思考。”

每个品牌经理都明白，声誉可以成就一种商品，也可以毁灭一种商品。但商品的声誉并非坚不可摧。针对消费者偏好的神经经济学方面的研究显示，一件产品的某个优势或劣势可以完全颠覆我们的购买决定。我们头脑中的偏见以及对产品的期望值左右着大脑的活动，从而影响我们的行为。从看到产品商标到大脑进行思想活动再到做出选择——这样一个过程对人们的品牌偏好有着深刻的影响。从这个角度来说，各个品牌之间激烈的市场竞争实际上是在消费者的神经元内进行的，而一决胜负的时刻就是消费者打量一盒洗衣皂一两秒钟之后做出决定的那一刻。

“大多数人都不会选择购买最便宜的那件商品，”达拉指出，“他们更愿意多花点钱购买自己认为比较好的商品。”他预计，除了价格和质量之外，产品对环境、人体健康和社会的影响都是人们在品牌之间做出选择的考虑因素。

然而，英国零售业翘楚玛莎百货面向 2.5 万名顾客展开的调查发现，大约 1/4 的消费者并不在乎商品是否具有环保特性。[5] 另一方面，有 10%的顾客不怕麻烦，千方百计地挑选此类产品。如果单从这一角度来看，不在乎商品环保性能的消费者人数大约是在乎商品环保性能的消费者人数的 2—3 倍。

但在这个调查中最引人注目的还是介于两个极端之间的主流消费者，占总人数的2/3左右。调查发现，这一部分人群对产品的环保性能表示出了兴趣，但希望选择过程可以尽量便捷；或者虽然关心这一问题，但认为自己的选择不会产生任何影响。绝对透明体系就可以让消费者的选择变得更加简单，让他们只需将一件产品拿在手中就可以看到相关信息的简要概括和总结。

那2/3表示关心环保而且希望不费力就能获取信息的消费者处于摇摆状态，是经过鼓励就有可能根据自己的价值观去选购的关键顾客，但如果他们没有做到这一点，就会中断消费者选择与市场所供应商品之间的供求链条。对商家来说，如果坚持认为研发环保产品不能带来任何市场优势的话，他们就没有理由改变原来的产品制造工艺和运输方法或途径。公开透明的市场能发展到什么规模，将取决于那些处于中间位置、依然摇摆不定的消费者中有多少人会运用自己的“生态商”。

玛莎百货的调查结果也显示，持怀疑态度的人们的担忧不无道理。他们认为，无论人们如何自信在购买商品时会考虑其他方面的影响，但大部分人最关心的依然是商品价格，所以信息透明不会产生太大的影响，甚至不会带来任何区别。我们可以看到拥护环保行动的人数与实际购买环保产品的人数之间依然有很大差距。在美国消费者群体中开展的调查发现，大约有 70%的人认为自己是“环保主义者”；1/3 的人表示他们曾经因为某家工厂严重污染环境而拒绝购买该工厂的产品；同样，大约 3/4 的人表示不会购买在恶劣工作环境下生产出的产品；86%的人愿意多花一美元以保证一件价值 20 美元的衣服并非产自血汗工厂。[6]

这一说法建立在一个假设的前提之上，那就是环保性能好的产品成本一定更高。然而，市场的现实状况令人捉摸不透。以“肌肤深处”网站（一个评估个人护理产品相对安全性的网站）列出的十大“有毒物质”含量最高和十大含量最低的洗发水为例，“有毒物质”含量最高的是一款儿童专用洗发水，它同时是价格最低的一款，而这 20 种当中最贵的一款在“有毒物质”含量最高的名单当中。换句话说，成本与质量并非总是等同的。例如，随着石油价格的上涨，商家在产品制造过程中都在寻找减少石油使用的方法，转而开始使用清洁能源。而清洁能源有可能比石油便宜，这就再次打破了高成本与高生态质量之间的联系。陶氏化学公司已经开始致力于为其所有工业化学品寻找不以石油为基础的替代原料了。这一举动很有可能会减少大自然中人造有毒物质的种类。随着成本等式的倾斜，降低产品生态影响的成本也会变得更低，至少在成本方面会变得越来越有竞争力。

然而，不管怎么说，价格依旧是关键因素。虽然有些人的确愿意多花点钱购买环保产品，但总体来说只有极少数人在购物时会主要考虑产品在道德、环境或者健康方面的影响。已经持续 20 年的“绿色购物”运动在回顾 20 年的经历后发现，[8] 只有大约 10% 的消费者会不遗余力地寻找理想的环保产品。他们大概和玛莎百货进行的调查中所发现的那些热忱的顾客属于同一群体。环保运动的开展似乎并没有引起环保主义消费者人数的激增，真正热心环保的消费者仍然只是一个小圈子。环保及公共健康活动家早就因为在发动顾客购买更加环保、具有良性社会影响的商品时屡屡受挫而心灰意冷了。从学校教育项目到环保商标的出现，这一系列举措对人们的购物方式都影响甚微甚至没有产生任何可识别的影响。[9]

那么到底什么样的措施才会有效呢？我先前曾经提到过，在缅因州汉纳福德食品连锁超市里进行的实验就是提高我们自身“生态商”的良好范例。[10] 等到有一天，顾客走进超市后会发现，在食物的价格标签旁边多了些小星星，以表明每件商品的营养等级。让顾客称心如意的营养食品可能会得到一颗、两颗或三颗星，分别代表“较好”、“良好”和“优秀”。汉纳福德超市与来自哈佛大学和塔夫茨大学等机构的专业营养学家合作，对食品的营养结构进行了评级。维生素、纤维含量较高的食品或全谷物食品会得高分，脂肪、糖分或盐分含量太高的食品就会得低分。

汉纳福德超市运用既定规则和公式对 25 500 件商品进行了评估，并将结果在食品的成分列表和营养分级中予以公示。不少被食品加工厂吹嘘为“健康选择”的产品连一颗星都没有得到，也就是最低的一级，原因多是糖分或盐分含量太高。商店货架上的全部食品中只有 28% 被评为星级产品，其余均不符合评级标准。

消费者已经开始关注这一问题。在汉纳福德超市顾客群中开展的调查发现，40% 的人经常利用评级信息来引导自己的购物，而且销售数据也表明了他们购买选择的转变。这种转变是汉纳福德超市基于 10 亿件售出单品统计得出的结论。[11]

在引进三星评级系统的第一年，商店中营养级别最高，即三星级的食品销量大增，而二星级、一星级以及无星级的食品则流失了许多顾客。三星级的瘦肉块销量增加了 7%，而无星级的牛肉馅销量减少了 5%。全脂牛奶（无星）销量下降 4%，而脱脂牛奶（三星）销量上升了 1%。总体来说，星级包装食品的销量增长幅度是无星级食品的 2.5 倍。

为食品贴上营养标签这个主意来自汉纳福德超市的消费者

代表，目的是使他们在超市购物的体验更加愉悦。许多消费者抱怨，在挑选更加营养健康的食品时常会感到困惑和沮丧。而星级系统，就像汉纳福德超市的说法那样，可以让“消费者拥有有效的工具，和我们一起改进购物环境”。

汉纳福德超市的一位管理人员解释说，该公司引进评级系统的初衷在于让消费者购物时感到更加愉悦。该超市将三星评级系统与他们根据经验总结出的市场策略相结合，将购物转变为一种教育活动，对消费者和商家来说做到了“双赢”——既让消费者得到了自己最满意的产品，又延长了他们的购物时间。

汉纳福德超市隶属于比利时德尔海兹集团。该集团正计划将这种评级系统应用到它旗下的其他连锁超市中，其中一个在佛罗里达州，另外一个主要集中在美国东岸及东南部地区。在德尔海兹集团尚未开展业务的美国其他地区，该集团将授权其他超市使用这个系统。

食品营销商也在关注这个系统。虽然各食品品牌市场份额的转变仅仅发生在一家连锁超市中，但几个丧失了市场份额的食品品牌的销售代表还是找到了汉纳福德超市的管理人员，想知道如果他们改进产品的营养成分是否可以评上一两颗星。这再次验证了购买终端的数据能够引起市场的良性变化。

这一潜力会在接下来的几十年中继续显露出来。斯图·斯坦因（Stu Stein）曾经在网上看到过我关于生态透明体系的一段谈话。当时他还是沃顿商学院的学生。看过之后，他在自己的网站上写了一篇题为“有同情心的资本主义”的文章，他这样写道：“如果我们对自己购买的商品有更多的了解，[12]是否会有什么不同呢？如果我们早知道一件T恤衫洗过后倒掉的污水可能会导致附近地区的儿童患上白血病，而另外一件不会，我们会不在乎吗？我们会在乎。我们这一代人希望能够通过改变购买选择来做善事。如果有从善的机会，我们当然不会放过。”

他还在文章中提到，虽然大家想做出更好的选择，但无法得到足够的信息。因此，他提出了三方面的有益建议：（1）知道他们在乎的理由；（2）能够轻松辨别出哪个选择更好；（3）好的选择和不好的选择一样触手可及。“好导购”软件可以实现后面两点，但无法解决第一个问题。人们想要知道自己为什么要在乎这些问题，这实际上是对“生态商”的呼唤。早期征兆已经预示，未来几代消费者的确比当今消费者更加关心自己所购买商品有何影响。

托马斯·埃利希（Thomas Ehrlich）是卡内基教学促进基金会的高级学者。当我问他如今的大学生是否关心这些问题时，他告诉我：“现在，在全美的大学校园中，学生发起的公益活动可以说是五花八门，尤其是环保活动和其他形式的社区服务。”

像我这样出生在“婴儿潮”时期的一代人都是在冷战早期成长起来的。这就意味着，我们还在上学的时候就要经常经历“轰炸演习”，以提醒自己可能会在核战争中被炸为碎片。而如今的孩子所面临的威胁，从长期来看其实更加可怕——生命时刻笼罩着威胁健康的阴云，全球变暖和其他我们可能已经引发了的生态灾难就在身边。

上一代的消费者可能都不用手机，也许是不习惯，也许是在购物时懒得去使用条形码之类的先进科技。如今的年青一代更加乐意接受这些事物。他们的成长环境中充斥着有关地球未来的警示，这让他们更容易采取行动。如果说有关全球变暖的预告近乎精确，“卡特里娜”飓风及其前兆早在几十年前就不断敲响了生态危机的警钟。随着时间的推移，这种生态发展势头将给人类带来越来越多的恶果，这种每个时代特有的创伤可能会愈加强烈。

虽然上几代消费者大多数不愿改变自己的消费习惯，年轻人却敏锐地察觉到了我们需要制定一个环保底线。2007 年，在美国中学生当中展开的一项调查显示，[13] 有一半的青少年觉得环境的恶化让他们惊恐万分。约 2/3 的人感觉到自己这一代人与前几代人相比在保护环境方面责任更加重大；78%的学生相信还有时间做出改变，来弥补我们对环境造成的破坏。

这种动机上的不同会让年轻一代在做出购买选择时更有可能考虑生态透明，随着时间的流逝，他们的紧迫感会更加强烈。首先，80%的人表示应制定道德标准来规范商家行为，减少产品对环境的不良影响；3/4 的人表示会购买对环境有益的产品或服务（他们到底是否采取行动还有待观察）。更关键的是，83%的人表示，如果程序简单，如果有人教给他们怎么做，他们愿意行动起来改善环境。而这一点就从本质上说明了绝对透明体系的作用——让行动变得简单起来。

第十章

良性循环：如何让卖家和买家都满意

小时候，我最喜爱的美食是法国甜甜圈。那是一种油炸的扭结状的面包。离我家两个路口处就有一家面包店，骑车很快就能到。每当我凑够了钱，就会毫不犹豫地踏上通往面包店的“朝圣之旅”。

那时的我完全不知道，在这油炸的珍馐美味的那层糖衣和油脂下潜伏着健康杀手。正如知觉心理学家告诉我们的那样，人体的味觉与嗅觉机制更加偏好糖分和脂肪这些让我们发胖的成分。这种神经机制在史前时期能让人们在食物短缺和饥荒时存活下来，如今却成为通往肥胖的捷径。

但味美香甜的法国甜甜圈背后隐藏的最大健康威胁是近代才出现的，那就是含反式脂肪酸的氢化植物油。植物油加氢可将顺式不饱和脂肪酸转变成室温下更稳定的固态反式脂肪酸。就是这种油乎乎的固态油脂于 1903 年申请了专利，用来保持烘焙食品的风味。反式脂肪酸的发明在当时堪称一大奇迹，它将点心和蛋糕的保质期延长，使酥皮馅饼（和我心仪的法国甜甜圈）的酥皮保持口感酥脆且有嚼头。将这种固态白油首次推向市场、进入大众生活的是植物油公司Crisco（克里斯科）。我至今依旧清晰地记得，在我的成长过程中，在我家和小伙伴家的厨房中，都会摆放着大罐的Crisco黄油罐头。如今Crisco这一品牌已经从美国家庭的厨房中彻底消失了。

公众第一次广泛关注反式脂肪酸的危害是在1993年，在那一年，英国医学杂志《柳叶刀》上刊登了一篇医学报告。[1]科学家在报告中分析了来自哈佛大学护士健康研究的数据。该研究自1980年起对8万多名护士的从医道路进行了追踪，结果发现，食用反式脂肪酸较多的女性患心脏病的可能性更大。到1997年，科学家提供了更有说服力的数据——当时已经有939名护士死于心脏病。[2]根据研究人员的计算，如果将饮食习惯从反式脂肪酸改为未经氢化的植物油，可使一个人患心脏病的概率降低53%。

但这是个无意识的信息囤积的例子，毕竟医学研究人员属于知情者，而其他人对此一无所知。哈佛大学公共卫生学院的沃尔特·威利茨（Walter Willets）博士是护士健康研究项目的首席科学家。他指出，在所有种类的食用油中，无论是橄榄油还是黄油，反式脂肪酸是危害人体健康的罪魁祸首，并且他在 1997 年就说过，“广大消费者对这一事实依然一无所知”。事实上，当时美联社针对此项研究进行的报道中使用了“一种叫作反式脂肪酸的东西”这个说法，足以说明读者在阅读这篇文章之前可能完全不知道这种物质的存在。

1997 年的时候，人们才刚刚开始听说“反式脂肪酸”这个概念，更不必谈它的危害了。但随着相关科学发现揭示了食用反式脂肪酸的危害，公众意识也迅速提高。到 2000 年，美国食品药品监督管理局公布了一项调查结果，表示如果将人造黄油及其他食品中的反式脂肪酸去除，美国每年的死亡人数可减少 7 000 人左右。该报告提议，在含有反式脂肪酸的食品的标签上注明其成分将会是十分有意义的举动，[3] 可以让消费者拥有挑选健康食品的机会和权利。

紧接着，反式脂肪酸的丧钟敲响了。2001 年，美国国家科学院医学研究所发布了一份报告，肯定了反式脂肪酸与心脏病密不可分的联系，证实反式脂肪酸会增加人体中低密度脂蛋白胆固醇的水平，从而引起血管阻塞，同时降低高密度脂蛋白的水平，而后者正是清洁血管阻塞物的“良性”胆固醇。结论是：只要含有反式脂肪酸就不是安全食品。

其实，美国食品药品监督管理局早就开始考虑，是否应该规定所有食品都必须在标签上注明其反式脂肪酸含量。当时食品的营养标签仅仅标明其脂肪总含量，不会特别说明反式脂肪酸和健康脂肪，例如多元不饱和脂肪酸的含量。

食品制造商纷纷反对这一举动，抱怨目前为止氢化植物油还没有理想的替代品，如果不使用氢化植物油，很多食品将会丧失口感和质感，保质期也会缩短，而这些正是消费者关注的方面。同时，食品行业正在加强研究，试图找到有同样功效的替代品，从而改变产品成分。等到食品药品监督管理局终于下定决心要求食品标明其反式脂肪酸含量时，各大食品公司早已找到舍弃氢化植物油的方法，纷纷自豪地将自家原本含有人类健康杀手的食品标注为“不含反式脂肪酸”。

2007 年，著名快餐连锁品牌唐恩都乐（Dunkin’ Donuts）与其他许多公司一道宣布，将永久性地把反式脂肪酸从其产品配方中去除，招牌甜甜圈也不例外（毫不夸张地说，许多年来该甜甜圈上的氢化植物油一直多得直往下滴）。[4] 唐恩都乐和其他大型食品公司（包括那些起初抱怨找不到氢化植物油的替代品的公司）一样，转而寻找更健康的食用油来代替反式脂肪酸。

一个多世纪以来，氢化植物油曾被众人视为一种“神奇的配方”，应用于数百种食品，使其味道鲜美，口感酥脆。但在仅仅 10 年的时间内，公众便纷纷意识到了它的缺点。于是氢化植物油迅速沦为遭人唾弃的对象，在某些地区甚至遭到法律明文禁止。

早些时候，当美国食品药品监督管理局针对在产品标签上标明反式脂肪酸含量一事举行听证会时，许多公司纷纷表示反对。有一篇报纸评论毫不客气地指出，如果关注自身健康的消费者知道哪些食品中反式脂肪酸含量较高，他们绝不会购买这些食品。[5] 现在我们都知道了，因而也就很难买到反式脂肪酸含量较高的食品了。它们已经从美国食品市场上彻底消失了。

关于这个传奇故事，人们最常提到的是让反式脂肪酸消失的机制。美国联邦政府从未下令禁止过氢化植物油的使用，也没有人告诉过食品公司必须停止使用反式脂肪酸。促成这种转变的最大因素就在于消费者所得到的信息。“反式脂肪酸”事件已经成为表现强大市场力量的典型事例，而这种市场力量就来源于将我们所购买商品的信息在其商标上完全公开。

随着公众对各类商品的危害了解得更加细致和全面，类似的成分消失和制造工艺遭到摒弃的案例一定会激增。要达到这一目标只需实现绝对透明，[6] 正如早期的个别事例所说明的那样，信息的完全公开具有强大的市场力量。

2000 年 9 月 10 日，美国参议院举行的一场听证会震惊了所有运动型多功能汽车的车主，进而影响了整个汽车行业。听证会上公布了这样一条消息：这些顶部较重的汽车极易出现致命的翻车现象，甚至爆胎之类的小事故也很可能引发翻车事故，已经有 271 人因为此类事故而丧命。而许多人购买运动型多功能汽车的原因之一就是认为其安全性能比小型车更高。（如果一辆运动型多功能汽车与体积较小的汽车发生撞车且没有翻车，则运动型多功能汽车出事故的可能性较小。）美国国会希望找到平息车主情绪的最好方法，那就是实现信息透明——制定了相关法律，要求汽车制造公司必须向消费者说明运动型多功能汽车出现翻车的可能性。

这种透明体系根据政府测试设定了简单明了的五星级评级，消费者可以很容易地了解某个车型翻车可能性的大小。五星标志着该车型在事故中翻车的可能性不超过 10%，而只有一星的车翻车的可能性则高于 40%。为了保证评级的有效性，法律规定在汽车经销商的展示厅中展示的汽车车窗玻璃上必须贴上评级标签。

起初，运动型多功能汽车的评级结果千差万别，而且大多数不尽如人意。大约有 30 种被评为一星或二星，意味着翻车可能性不低于 30%。只有一款运动型多功能汽车获得了四星，即翻车可能性低于 20%。

仅仅 4 年后，这一状况便发生了逆转性的改变——有 24 款车获得了四星，1 款车获得了二星。来自消费者的压力使得汽车制造商不再寄希望于反对制定翻车安全系数标准（几十年来他们一直如此），而是开始专注于加强稳定性控制的技术研发，例如刹车故障感应器。

哈佛大学研究人员在调查信息透明所引发的市场良性改变时，将运动型多功能汽车翻车案例作为其 15 个典型案例之一。这些研究对象不仅包括 2001 年相关法令要求共同基金公布税后收益，也包括 2004 年美国政府要求汽车制造商搜集消费者对汽车潜在缺陷的意见并进行汇报。在每个案例中，都会出现重大的市场良性转变，而原因仅仅是消费者从标准规范或者同类产品处了解到了产品潜在危害方面的新信息。

美国参议院举办的有关运动型多功能汽车翻车的听证会是实现市场透明的模范事例。美国国会随后制定了对汽车轮胎进行评级的法律，其依据就是有关翻车风险的信息可以引导消费者选择安全性能高的汽车，反过来引导汽车制造商改进他们所生产的汽车的安全性能。事实的确如此。

早在 1978 年，美国也发生过类似的事件，消费者对信息的需求导致行业采取相关措施。当时美国各州纷繁复杂、千差万别的电冰箱能效标准让电器制造商无所适从，不知道该依据哪一个。美国电器制造商对全美统一能效标准的需求最终导致了国会要求美国能源部制定统一的能源标准，不仅针对电冰箱，还有其他十几种电器。

接下来，可预见的事情发生了。起初一些业内人士提出反对，表示这一要求在技术层面上很难实现，但电器制造商没有理会这些声音，他们开始研发能效高的电冰箱，最终改革的成果比政府要求还要高出 10%—15%。而这一创新的成果便是如今每个家庭厨房中所使用的冰箱与几十年前相比，不仅容量更大，而且能耗更低。美国电冰箱的能耗随之直线下降，[7] 而且随着时间的推移依然保持下降的趋势。

在这些实例当中，政府从未明确要求某行业必须达到某个标准或程度，只是要求知情方要让不知情的消费者了解产品的关键信息。如果信息能够推动市场，那么信息对称的实现则可以彻底颠覆整个市场。

乘数效应

在新泽西州不知名的工业园区内，有一家占地面积极广的工业厂房，专门制造护发及洗浴产品。工厂的主要车间面积超过5.5 万平方米，共有 40 条生产线。每条生产线每个小时平均生产2 000 件产品，这意味着两三百箱洗发水准备出厂。

在美国的商店及美容院中，有相当一部分洗发水都是在这家工厂配料室的大桶中诞生的，每只大桶都像一只立起来的货物集装箱那么大——大约 5.5 米高，3 米宽。每只桶的容积为 3 万多升，一桶洗发水足够装满一个全国性连锁超市所有商店的货架。[8]

将原料放入这只大桶足足需要一整天的时间，而将原料进行混合又需要一天的时间。随后洗发水需要通过管线输送到小桶内，进行杂质检验。这些小桶与一条生产线直接连通，洗发水在这条生产线上被分装到瓶子中。工厂的产量大约是每小时8 万瓶。

我们所购买的洗发水与工厂的生产规模形成了鲜明的对比——制造商批量生产，每一批就是几万升，而我们购买的每瓶洗发水只有几百毫升。但每一瓶都代表着同一批生产出的其他108 800 瓶 283 克标准瓶中的洗发水。一旦这批洗发水被生产出来，无论洗发水的成分是什么，无论其在“负价值链”（指的是产品生命周期中产生负面生态环境影响的那些环节）中的比重如何，从市场逻辑来说，每当有人买下一瓶洗发水，这些影响都会有所反馈。

从这个意义上来说，如果某个消费者转而使用其他品牌的洗发水就会引起广泛的影响。首先，这使得每个消费者都能影响制造商的决定，到底是维持现状还是寻找替代成分。就像在一场选举中每一票都很重要一样，消费者在不同品牌间的摇摆不定也决定着各个品牌在争取消费者的竞争过程中的命运。

要想实现这一理想状态，我们还需要想办法让制造商知道我们决定购买他们的产品或者转而购买其他产品的具体原因。这样一来，消费者的偏好与商家的反应之间的信息反馈和沟通就形成了一个良性循环。如果一件商品的相关信息改变了消费者对某种品牌的忠诚度，随之产生的市场影响就会迫使商家做出消费者所期待的改进。只要消费者获取足以改变他们消费行为的信息，就会让商家改变其经营方式。这样一个良性循环就把消费者在超市走廊中所做出的决定与商家为赢得消费者所采取的措施联系在了一起。

在绿色建筑运动中，良性循环过程则更加复杂多样。建筑行业正面临一个漫长时代的结束，在这个时代，为实现利润最大化，开发商会尽可能地将建造成本降到最低。随后，建筑商、承包商、工程师和其他所有参与大楼建造过程的人都要为了这一固定预算中自己的那一部分展开竞争。这样的体系就会促使竞标者想方设法降低成本，以获得尽可能多的利润，从而导致一场“竞次”。各个分包商，例如负责供暖和供冷系统的分包商就会理所当然地安装勉强符合建筑规范的最便宜的空调，而不会选择价格更高的节能空调，虽然从长远来看，节能空调对住户也就是大楼的真正消费者来说可以节能省钱。

这一“固定预算”体系一直在商业发展的荫庇下运转，隐藏在住户（有时还包括大楼所有权人）的视线之外，并迫使这些住户承担更高的大楼运营成本。那些关键性的抉择都隐藏在施工投标书中，而消费者对这些关系建筑物寿命的决定一无所知，完全被蒙在鼓里。这就是市场信息不对称的典型案例。

目前，在建筑行业中，LEED（领先能源与环境设计建筑评级体系）已经将商业建筑对生态环境造成的负面影响考虑进来，而且该认证体系已经成为绿色建筑的建筑标准。LEED标准提醒全世界的建筑商和住户，室内污染对人体的危害以及建筑材料的理想替代产品，廉价的暖气和空调设施的高运营成本，以及通过新设计和新材料来降低能耗的多种方法。LEED标准的诞生实现了前所未有的生态影响透明，通过向大楼所有权人及住户公开建筑行业中按照旧式惯例和套路做生意的实际成本，实现了信息对称，而且通过提供现成的替代品实现了良性循环。

在美国，商业建筑的温室气体排放量占总排放量的 1/3，能源消耗量则占总量的将近 2/3。早年遗留下的砖泥建筑遗骸如今成为城市中再次利用的基础建筑材料，这标志着房地产业实现绿色环保的伟大契机。将一座建筑加以改造，使其符合LEED标准，代表着我们在减少对生态环境的不良影响方面取得了一定的成果，在节约能源成本方面获得了即时回报。

创建LEED标准的美国绿色建筑委员会经过研究发现，翻新旧建筑的业主平均每平方米可节省 9.7 美元的成本。大多数人在 2—3 年中就可以收回投资成本。因此，像花旗集团这样的大型建筑物业主和高纬物业这样的物业管理公司都加入旧楼利用的行动中来，也就不足为奇了。这样做还有其他诸多好处，比如降低耗电量、减少保洁方面的开支、使室内空气更清洁等，更不用说那些在大厦中工作的人可以享受更加舒适、健康的工作环境，提高工作效率。

一开始，发起LEED运动的小型工作团队就已经意识到，市场力量可以推动这场变革。美国绿色建筑委员会中LEED标准的初创人之一吉姆·哈斯菲尔德（Jim Hartzfeld）回忆说，“以市场为基础的转变”是创建这一体系的核心思想，“我们意识到了市场的自然反应。人们逐渐了解到现在有更好的建筑方法，而且能为所有人带来益处，这比制定任何规章制度都更加有效”。[9]

市场的反应非常强烈。2000年LEED标准刚刚确立时，全世界只有635栋建筑物符合标准。7年后，建筑启动资金中有超过120亿美元用于达到环保标准。随着全世界范围内许多建筑法规开始采用LEED大型建筑标准，LEED正快速成为商业房地产的行业准则。随着市场需求的增加，市场供应也随之增加。

建筑行业正在掀起一股创新风潮，不断开发各种新技术，例如在建筑物表面安装太阳能电池板，通过太阳能发电来实现地热供暖和供冷系统。建筑行业的环保标准也在不断升级。建筑设计师正在展望新一代“有生命的建筑”，这些建筑将会与大自然融为一体，产出的清洁水源和能源比其消耗的还要多。这种良性循环正快速向前发展。

推动这种良性循环的正是各机构和公司间商务往来决策汇聚而成的力量，而非零售店中的消费者。如果你来自某大型机构的采购部门，那么你的购买力就会有更大的影响力。迈克·哈迪曼

（Mike Hardiman）就是这样一个大买家。他是威斯康星大学采购部门的主任，每年的花费都要超过2.25亿美元，其中有一半用于购买商品。在我和他交谈的当天，他正准备去参加一个采购会议，是威斯康星州十大高校的采购部门联合举行的，目的是购买大宗货品。

现在的改革运动迫使我们关注可持续性和社会健康意识，但我们还远远没有做到极致。我们所有的采购部门都感到很头痛，不知该如何具体实施这些想法。

“我们已经有一些规定了，比如州政府要求购买可回收纸张。学校收到来自几位重要捐赠者的资金，用于建造一个规模很大的新科学中心。我们会寻求LEED认证。我们也会把其他社会问题考虑在内，比如我们要求承包方保证工人的最低生活工资。我们还是几大高校联盟中的一员，一起请了第三方来对我们承包商的工作条件进行评估。”

像哈迪曼这样为单位采购的人会有意识地建立良性循环，通过招标的方式表明自己有意购买的物品应当符合什么样的标准。得克萨斯州也和其他几个州一起更新了采购体系，选择更环保的商品，并考虑其生命周期成本。

这种策略似乎已经成熟，可以推广到其他领域。正如乔纳森·罗斯告诉我的那样：“作为一个建筑商，我要选择背景最理想的建筑材料，即环保和人类健康成本最低的材料。我们在设计和材料方面的选择都传达着一种市场信息。随着绿色建筑运动的规模逐渐扩大，制造商和供应商都做出了普遍反应，试图制造出更多对环境负责的产品。绿色需求从小型的创新型公司起步，并迅速扩展开来，直至全球 500 强企业和各大机构投资者都开始追求更加健康和环保的产品。”

罗斯和其他人看到了集体行动的力量足以造成市场压力，迫使供应商改进建筑材料。他相信，经过一定时间，建设规模最大的业主也会采取同样的行动，在更新或升级物品时考虑环保因素。他预测，如果那些拥有数万亿美元房地产的庞大退休基金表示“想更新大厦中的地毯、灯具或者其他家具，那么你就会看到随之而来的一系列更新换代。在同一个行业中，如果你设定了较高的标杆，其他人也会照着做”。

根据工业生态学家格雷戈里·诺里斯的观点，公司高层的决策过程就是这样转变的。管理者会这样计算：“如果我们在这一门槛上获得了环境方面的益处，那么我们也能将市场份额扩展到这个程度。产品越是符合再循环利用的要求，销量就会越大，因为我们帮助更多的消费者满足了这个门槛的要求。”这样一来，商家自然就有了动力，不惜成本寻找改进方法，以达到同行业中的平均水准，甚至更高。

如果放在过去，任何游说组织，无论是想拯救热带雨林还是曝光血汗工厂，都要游说政府制定某些法律法规以方便其方案的执行和推进。但近期越来越多的人改变了策略，转而鼓动消费者联合抵制不尽如人意的产品。这一策略的关键在于让消费者采取集体行动，或者以采取集体行动相威胁，从而快速实现市场转变，扩大他们所倡导的产品的市场份额。这一市场策略更加有效，而且比政府法令见效更快。这一做法给市场带来的压力不亚于机构采购部门所施加的影响。

达拉期望“好导购”软件可以“成为一个巨大的市场杠杆，刺激制造商逐渐全面改进产品”。但能够推动这一杠杆的力量并非只有对市场变化所做出的反应，还有出于道德层面的考虑以及维护品牌声誉的社会责任等。这样一来，20 世纪 60 年代的过时口号——“将权利归还人民”又被赋予了全新的力量和含义，让那些在商业市场中追求更加环保、清洁和人性化产品的商家有了更多的力量和权利。

绝对透明体系承诺建立一个全新的市场机制，对消费者集体选择的效应及时做出反应。每个消费者的选择相加起来就会产生乘数效应，相当于为他们所购买的产品的性能投了一票。随着商家根据消费者的需求做出相应的改进，消费者也会更加清楚地意识到自己所做选择的道德意义。

“你可以辩解说自家厨房中装意大利面酱汁的瓶子对环境的影响微乎其微，但这一品牌的总体影响就是像你这样的数百万个决定相加起来的总和，”格雷戈里·诺里斯这样说，“如果我们都能做出更好的选择，这个选择就相当于投出的一票，而且每一票都很重要。如果说自己买什么不重要，就等于说自己把这一票投给谁是无所谓的事情。只有我们的购买选择才会推动工业机器的运转。商家告诉我：‘消费者不在乎的东西，我们是不会去在乎的。消费者开始关心，我们才会开始关心。’”

第十一章

化学物质：你身边的隐性杀手

人们普遍认为生产环保产品会为一些公司带来财源，这不仅表现在能源成本的直接节约上，而且表现为创新的智能化产品和制作工艺对生态难题的解决。换个角度来考虑，目前的环保潮流仍集中在全球变暖问题上，这只能算是未来诸多类似潮流中的第一波。

现在市场上的大多数产品都是基于20世纪的化学工艺制造而成。进入21世纪后，人们必然更加深刻地意识到常用工业成分与人类生物学的相互作用和影响。由于科学进步势不可当，人们最终会发现一些产品成分是导致这种或那种疾病的罪魁祸首。

随着科学发现的不断出现，人们对地球升温的恐慌也传播开来，每一次新发现都会在媒体上引发一轮新的恐慌。然而就在人们对全球变暖感到日益恐慌的同时，我们可以看到即将席卷而来的新一轮恐惧正在酝酿之中。而推动潮流的一股无法阻挡的力量便是飞速发展的科技进步所带来的副作用，以及随着信息公开而日益提高的市场透明度。

将绝对透明体系应用到某一领域，例如有关化工原料的医学新发现中，我们就会发现下一轮值得担忧的威胁便是毒素，如今越来越多的人习以为常地认为，所有用于消费品生产的化学成分都是可疑对象。人们担忧的范围会进一步扩大到似乎并无毒性的化工原料，仅仅因为未来的毒性标准会比今天的要求更高，而且随着信息的传播范围日益广泛，公众的危险意识也会提高。

毒素会成为下一轮恐慌的另一个原因是，既然现在的新闻报道随处可见有关全球变暖和地球面临的其他威胁的警告，这些信息就会长时间大规模地影响大多数人的日常生活。然而一旦出现涉及自己和亲朋好友的身体健康的问题，人们就会予以更多关注。

再来看看我们经常吃的爆米花吧！那种可以用微波炉加工的奶油味爆米花的商标往往会向消费者保证，该爆米花不含任何反式脂肪酸及胆固醇，但其成分列表中并没有提到美味可口的奶油味道和令人垂涎欲滴的香味其实来源于双乙酰——这是一种调味品，可以引发支气管炎。如果患上这种疾病，人体肺部的小支气管便会肿大、结疤，最终彻底瘫痪。患者可以深呼吸，但呼气时很困难。这种疾病常被称作“爆米花工人肺病”，[1] 有时甚至会导致爆米花加工厂或者糖果糕点加工厂的工人死亡。就连加工狗粮的工人也难逃其害，因为狗粮中也会用双乙酰做添加剂。

对我们其他人来说，警示来自科罗拉多州的维尼·瓦斯顿（Wayne Waston）。在瓦斯顿被诊断为“爆米花工人肺病”之后，他的医生向联邦机构发出警告，提醒他们这种威胁已经穿过工厂围墙，进入了消费者家中。该事件引起了公众的警觉，很快美国四大微波炉爆米花生产商不得不宣布把双乙酰从产品配方中去除。[2]

在日常生活中，奶油、奶酪和一些水果中都含有少量的双乙酰，但不会对人体健康造成危害。爆米花生产商使用双乙酰并不违法，是经过美国食品药品监督管理局批准的。而维尼·瓦斯顿将自己置于非同寻常的危险之中——他戏称自己为“爆米花先生”，因为他每天都要吃两三袋爆米花，已经持续10年之久。他尤其喜欢在撕开新出炉的爆米花包装袋那一刻，深吸一口气，让自己的肺里充满奶油的香气，而这一刻也正是双乙酰最活跃的时刻。

瓦斯顿的这种特殊饮食嗜好是导致这场医学灾难的根源。加热后的双乙酰会变成蒸气，对人体肺部造成危害。如果长时间吸入该气体，最终会导致“爆米花工人肺病”。瓦斯顿的医生曾经来到他家，测量爆米花刚出炉时空气中双乙酰的含量，结果发现与爆米花加工厂空气中的含量一样高。

那么我们是不是应该离那些添加了双乙酰的爆米花远远的呢？也许是吧！也许不必。与该案例相关的一份报告这样写道：联邦监察机构并没有做出相关提醒，也没有针对消费者提出医学方面的建议。[3]那么消费者应该做何反应？这正是令人尴尬之处——美国食品药品监督管理局、食品业甚至医生用来判断消费者健康状况的标准和科学家的建议并非总是一致的。

那么到底什么算是“有毒”物质呢？公共健康专家和化工行业之间关于工业化学品的争论已经延续了数十年，争论的核心是一个可以从许多方面来回答的问题——什么化合物在什么样的环境下对什么人是有毒的？

据调味品制造商协会统计，超过 1 000 种调味品原料会对工人的呼吸道产生威胁。[4]没有人知道在我们每天使用的生活用品和食用的食品之中潜伏着多少种具有潜在危险的化学物质。据有效统计，人造化合物的种类已经达到 10.4 万种，[5]其中有一万种每年的用量超过 10 吨。这些常用化学物质中经过成人毒性测试的仅为九牛一毛，更不用说对胎儿和婴幼儿的影响测试了。

说到我们所购买、使用和拥有的物品中所含化学物质的潜在威胁，虽然许多危险都被视为“可疑”，但是由于无法达成一致结论，所有危险都“尚未证实”。除了很少一部分化学物质以外，例如大剂量的气化双乙酰，几乎所有病例中某化学物质与某疾病间的因果关系都还没有进入研究阶段，更不用说结论了。

在确定哪种成分应当引起医学关注时，科学家在很大程度上要依靠猜测。在一些病例中，目前的科学方法可以确定某些病理反应是由特定有毒化学物质引起的，并了解引起这些病理反应的过程。但很多时候人们的担忧都是建立在一个简单的事实之上，那就是没有任何合成化学物质对人体来说是不可或缺的，因此当这些化学物质达到一定量或者进行了某种组合时，它们在人体中的存在未必是好事。

但科学技术并不一定能预料到这些化学物质会在某个人身上产生什么样的具体影响，毕竟人体这个生态系统实在是太复杂了。这些化学物质以多种方式参与人体组织的活动。有些与人体本身荷尔蒙的分子结构相仿，最终在内分泌系统中安家；有些与体内帮助大脑和人体中的细胞协调运转的化学信使相似；另外一些则很容易被人体脂肪吸收；还有一些化学物质，尤其是来自以石油为原料的物品中的大量化学物质很容易穿透细胞膜（石油化学物质含有致癌苯环）。这些化学物质一旦被人体组织吸收，就会以多种方式肆意破坏人体内部，但不会立即引起人体明显反应。

发炎症状

如果你想知道迈克尔·勒纳（Michael Lerner）和他的妻子莎瑞尔·帕顿（Sharyle Patton）体内都含有什么工业化学物质，只要登录www.bodyburden.org网站查询即可。勒纳和帕顿都活跃在环境健康领域，该领域专门研究工商业的化学副产品对人体的影响。他们在网上公布了分析结果，希望能引起公众的关注，提高大众在这方面的意识。

勒纳体内似乎含有较多的甲基汞、无机砷和多氯联苯，但这只不过是他进行血液和尿液中代谢物检测后发现的214种工业化学物质中的很少一部分罢了。

帕顿的体内除了上述物质外，还有含量较高的氯代二噁英和有机氯农药残留物，另外还有很多种她丈夫检测结果中没有发现的物质。

在医学数据库中，这些化合物中的每一种都会和若干种不同病症有所关联，但确定性不一。例如，无机砷会致癌；塑料、牙齿封闭剂和易拉罐内涂层中所含的双酚A可能会导致新生儿出生缺陷、儿童发育迟缓、多种癌症以及人体内分泌系统和荷尔蒙分泌紊乱。氯代二噁英和多氯联苯进入人体的主要途径是我们进食的肥肉、乳制品及鱼肉。它们和双酚A一样，有可能会导致新生儿出生缺陷、儿童发育迟缓、癌症，以及人体神经系统和免疫系统的机能紊乱。农药残留物通过喷洒过农药的粮食和饮用水进入人体，它们能够造成一系列慢性的人体机能的紊乱。

回过头来再看看勒纳体内所含214种工业化学物质的清单，让人不禁毛骨悚然——没有任何东西是绝对安全的，有毒物质随着我们房间里的灰尘和空气飘荡，有些从水中和土壤中而来，有些则是其他物体散发出的气体，这些物体的名目又是一个冗长的清单，从油漆、地毯到电脑键盘和家具，无所不包。

人体也可以称得上是一个生态系统，迥然不同、分工各异的器官和组织在同一个系统内有条不紊地分工合作。因此，人体和其他生态系统一样，也难免受到外界物质的侵扰，造成内部运转紊乱。将人体内所含外界物质进行量化就是生物累积性研究的内容。勒纳和帕顿所开展的研究就属于此类，对人体一生中的生物累积进行检测。目前，生物累积性研究已经在医学科学领域独树一帜。这方面的研究总是在提醒人们，其实在地球上生活的所有生物体内部都是各种有毒物质的大杂烩。

到现在为止，已经有数千人进行过检测，每个人都被发现体内含有这样或那样的有毒分子。美国疾病控制中心的生物监测计划正在开展一个庞大的项目，即通过检测人体血液或尿液的代谢物中的有毒物质，来测量人体接触有毒物质的程度。这样我们就可以更加了解我们的身体到底吸收了什么物质，而不是关注我们身边的东西。我们不再仅仅测量水源、空气或土壤中所含的污染物，而是研究这些物质是如何融入我们的体内生态系统的，这种转变使得我们开始关注和思考医学上的病原学原理以及化学风险。

一种针对外界化学物质研究的新型医学模式正逐渐形成。该模式的理论基础是，人体即便只接触少量的化学物质，经过数十年的日积月累，最终也会显现出负面影响。这个产生影响的过程极为缓慢，测量单位甚至可以精确到百万分之一。从毒理学的角度来看，这标志着一个重要的转变，那就是不再仅仅坚持传统的研究方法——通过人体在短期内接触到大剂量化学物质来检测该化学物质的危害性。这种“短期–大量”的模式比较适用于研究作画时使用溶剂的画家的安全。而新型的“少量–长期”模式似乎更适用于研究每天都会接触到少量日常生活用品中所含的可疑化学物质的孩子的成长过程，或者我们当中的任何一个人。

例如，大家逐渐在癌症成因方面达成一个共识，认为一个人一生当中所接触到的众多可能引发癌症的物质虽然都是少量的，但其毒性和大量致癌物质一样严重。这种成因分析模式表明，与其费力寻找引发癌症的某个罪魁祸首，还不如寄希望于分析一个人的日常生活。正是他一生中所接触的各种各样的化学物质，日积月累引起了细胞变异。人体免疫系统长期受到诱变因子的持续攻击，最终必然会导致崩溃，失去消灭变异癌细胞的能力，从而形成癌症。从这个角度来说，人体发生癌变的原因最终要归咎于长期接触散布在我们周围空气、食物和水源中的致癌分子。

玛莎·赫伯特（Martha Herbert）博士是哈佛大学医学院的儿科神经病学家。她指出，现在有上万种人造化合物正悄无声息却持续不断地攻击和改变着大自然。这些化合物大约有30亿种不同组合，而且没有人能够了解这些化学组合影响婴幼儿神经发育的所有可能的方式。[6]赫伯特博士解释说，这些大量的分子给人类造成的最大威胁是在儿童身体器官快速发育阶段，那时他们的中枢神经系统刚开始发育，新陈代谢速度非常快。此时儿童身体器官如果接触到少量的外来分子，就会充分吸收，从而对人体造成持续损害，但这种损害可能许多年都不会显露出来。

对外界侵入的化学物质，人体所有器官中抵抗力最弱的就是大脑，因为大脑需要充分利用种类繁多的分子来发出化学信号，以协调我们的大脑活动和身体机能。这种机制意味着，如果来自外界的分子恰恰能够与神经中枢的无数化学反应中的一种进行互动，那么就会引起体内机能紊乱。大脑抵抗力弱的另外一个原因是它的新陈代谢速度较快。[7] 大脑进行新陈代谢需要消耗人体 1/3 的能量供给，数千种化学物质会影响其新陈代谢过程，而大脑的新陈代谢又决定着人体细胞是否能够有效利用能量。

赫伯特博士和她的同事运用最前沿的技术对自闭症患者的基因细胞进行分析，结果发现大量细胞都与自闭症特有的神经特点无关，而是对外界环境压力和炎症的抵抗力较弱。[8] 赫伯特博士指出，患有自闭症的孩子天生对代谢紊乱的抵抗力偏弱，进而影响体内细胞吸收氧气、产生能量的能力和免疫系统对传染病及过敏原的抵抗力。

对这些孩子来说，较小的环境压力就足以使他们达到患病的临界点。有两种情况会导致他们达到临界点，一种是全身炎症，另一种被称作"氧化应激"，都是因为体内存在太多自由基——会严重损坏人体细胞的黏性分子，从而引起DNA（脱氧核糖核酸）突变，并使人体对癌症等疾病的免疫力下降。这两种状况密切相关，总是同时发生，对其他的遗传模式有着特殊的敏感性，表现为自闭症障碍（同时还会表现为其他表面上似乎毫不相干的自闭症儿童身上的常见病，比如糖尿病、过敏症状和哮喘病等）。

赫伯特博士说:“我们所看到的是我们的身体弹性正在逐渐丧失，也就是那种遭受创伤后迅速恢复的身体能力。”她将这种人体免疫力的下降视为一个更广泛的医学问题的一小部分，而这个医学问题绝非一朝一夕就能解答的，那就是为什么所谓的“现代文明病”在富足的现代社会日益增多，而在相对贫困的时代较为罕见。这些疾病包括糖尿病等内分泌紊乱症以及狼疮、多发性硬化症和哮喘病等自身免疫性疾病。[9]

正如赫伯特博士告诉我的那样，她和同事“开始考虑这些具有不同临床表现和结果的千差万别的疾病是否都基于相同的基本生物过程。人体每时每刻都会产生自由基，如果数量恰当，就会达到人体细胞间平衡，但如果超过了人体能够清理的数量，就会导致三种后果——炎症、氧化应激和烦恼”。

通常情况下，人体免疫系统在感染时会出现短期炎症，但如果在终止炎症的过程中出现了障碍，本应是暂时症状的炎症就会持续下去。赫伯特博士解释说:“如果清理自由基的人体组织受到化学物质的干扰，减缓或者破坏了这个过程，你就会长期处于抗氧化剂减少的状态，从而导致人体发生氧化应激和慢性炎症。”

这一模式与生态科学中一个被称为“表观遗传学”的边缘科学研究领域不谋而合。该学科主要研究在基因组正常的情况下，人体内部和外部的分子如何引发或者阻碍基因遗传功能的发挥。赫伯特博士说，已知的会引起氧化应激和慢性炎症的化合物包括铅、汞、酒精、柴油和杀虫剂等数百种物质。“我们之所以发炎都是因为这些混合物质。这似乎是人们患上各种疾病的主要途径。你丢弃的有毒垃圾越多，生病的人就会越多，而且越快。”

人体似乎存在一个临界点，[10]当有害化学物质超出人体的清理能力时，就会导致各种疾病。至于随之而来的是哪种疾病，还要取决于我们接触到的是什么化学物质，以及我们独特的基因结构对此做何反应。也许对一些孩子来说，最终的结果就是患上了自闭症。但其他基因结构不同或者日常生活中接触内容不同的人就有可能患上其他疾病，比如糖尿病、缺血性心脏病、慢性阻塞性肺病和哮喘病。

这一新兴的病因模式认为，所有这些疾病都有相同的早期形成阶段，那就是慢性炎症。长年的慢性炎症会破坏内分泌和心血管系统以及免疫系统在癌症形成早期对抗病魔的能力。肺气管如果持续受到外界刺激，也有可能向慢性阻塞性肺病发展。因此，目前医学界提出了一个全新的涵盖性术语——“慢性全身炎症综合征”，如果任其发展最终有可能威胁到生命。

以慢性阻塞性肺病为例，该疾病是肺气肿的先兆，而肺气肿通常都是烟民生命走向衰竭的标志。针对慢性阻塞性肺病的一项全球调查研究得出了一个惊人的结论，[11]那就是越来越多患上此病的人从未吸过烟。由于越来越多的城市居民每天呼吸着充满各种粉尘的空气，不吸烟人群也开始患上这种肺病。根据《柳叶刀》杂志上一篇有关慢性阻塞性肺病的新发现的文章，[12]在中国，由于暴露在污染严重的空气中而导致非吸烟者患上慢性阻塞性肺病死亡的人数超过200万。

慢性阻塞性肺病反映了长期接触空气中刺激肺部的外界物质——汽车尾气、香烟烟雾、灰尘或办公室中打印机喷出的化学物质等——造成的身体负担。在这方面，我们所有人都没有防御能力。从全球范围看，预计慢性阻塞性肺病的患病率依然会继续提高，因为诸如工厂烟尘、汽车尾气和室内污染物等在空气中传播的尘埃粒子还在持续增多。等到非吸烟者人到中年，和吸烟者相比，患上慢性阻塞性肺病的概率也相差无几了。

鉴于人类即便只接触少量化学物质，累积一生也有可能导致疾病，这一事实暗含的意思就是，只要接触到化学物质就有可能引发炎症或者阻碍身体机能正常运转，所以都称得上是健康隐患。从这个角度来说，任何合成化学物质的诞生都是对大自然的污染，毕竟，谁知道它可能引发什么无法预料的生态影响？答案无人知晓，至少我们每天大量吸收的大多数人造化学物质都是如此。我们一天到晚就好像在玩赌博游戏，以生命为赌注，打赌我们身边不可或缺的物品的原料从长远来看不会对我们造成危害。

监察机构对有毒物质的认识则会最终决定我们将接触到什么物质。在评估化学物质时，欧洲毒理学家首先测量物质本身的毒性。如果该化学物质对人体具有潜在的危害，专家组就会仔细衡量相关科学证据进行评估。他们的指导原则是“预防胜于后悔”，即审慎预防原则。这就意味着，如果某种化学物质有危害人类健康的嫌疑就会立刻被禁止使用。

美国所采取的方法则认为，即使某种化学物质本身具有毒性，但在正常水平或特定条件下使用依然安全。[13] 美国政府在明令禁止某种可疑物质的使用前都要求出具详尽全面的证据，以证明人类接触该化学物质的确会产生危害。这种具有说服力的证据其实很难搜集，因此许多在欧洲已经禁止使用的化学物质在美国依然被认为是“安全”的。因此，很多在美国（以及其他制定了类似标准或从未制定过任何标准的国家）产品中广泛使用的化学物质在欧洲国家其实早已被禁止使用。

导致这种进退两难的窘境的最初原因还要追溯到 1979 年的一项决定。当时美国环境保护局列出了一张包括 6.2 万种工业化学物质的清单，规定这些物质的使用无须经过任何批准或测试。那些不受新规定限制的化学物质包括一些众所周知的毒性很大的物质，例如乙苯——一种工业溶剂，医学研究表明，它毒害神经的作用十分强大。这还不是最令人不安的。根据美国审计总署的一份报告，30 年来，环境保护局仅仅要求对清单上的几百种物质进行了检测，其他的依旧神秘莫测。

这就与欧洲一项名为“REACH”（“注册”“评估”“批准”“化学物质”英文单词的首字母组合）的项目形成了鲜明的对比。该项目目标十分宏大，那就是要对 1979 年美国环境保护局所列清单上不受新规定限制、依然在日常生活用品生产中广泛使用的数万种化学物质全部进行检测和评估。除此之外，还有那些已经投入使用但尚未经过权威机构严格审查的新型化学物质。从 2009 年起，欧洲化学品管理局将陆续公布已经测试过的化学物质清单，以供寻求替代原料的生产商参考。对那些已经在世界经济体系中广泛使用的化学物质，REACH 项目将排出一个新型的化学元素周期表，根据化学元素的危险性而非分子结构列成表格。

宝洁公司的一位毒理学家评论说：“从理论上来说，我很赞同REACH项目的做法。如今商业中使用的许多化学物质都没有受到监管部门的审查，也没有任何公开的安全数据。REACH项目就可以让大家获取相关的信息。”他补充说，无论政府是否要求出具关于某种化学物质毒性的正规文件，宝洁公司早已形成了一套自己的核查产品安全性的标准。他是这样说的：“如果这种化学物质不安全，我们绝不会将其投放到市场中去。”

当我问另外一位毒理学家，一生当中持续不断地接触那些“安全”的化学物质是否有可能引起发炎症状，他认为这个问题很新颖，还从未考虑过。但作为一个科学家，他提出了一些很实际的问题，例如，如何将人体的炎症反应进行量化，从而表明迄今为止的研究能否断定人体发炎症状的轻重与长期接触化学物质之间的确切关系。他得出的结论是：“这是个很有意思的理论，我能看出其价值所在，但还有很多经验性问题。毒理学在过去20年中取得了很大的进展，我相信未来会继续发展下去。”

也有一些毒理学家认为，在评估我们一生当中在呼吸、饮食等过程中吸收的各类化学物质时，他们这一学科存在一个盲点。这种自我警醒最早出现在《神经毒理学》刊物中，对过去几十年来毒理学家测量化学物质危险性所使用的方法提出了挑战。[14]德博拉·科里–什莱赫塔（Deborah Cory-Slechta）是罗伯特·伍德·约翰逊医学院的毒理学家。她发现，让实验用动物大量接触百草枯和代森锰之类的农药会导致多巴胺神经元退化，而这正是人类患帕金森症的根源所在。但只有动物频繁接触到某一种农药（这种情况只发生在胚胎期和成年期）或者两种农药的混合物时，才会产生这种危害。百草枯和代森锰具有截然不同的分子结构，但频繁接触其中一种农药或两种农药的混合物就有可能引发帕金森症。

诸如此类的发现为毒理学带来了空前的挑战，因为仅仅接触一次这些化学物质中的一种并不会引发明显的病症。在此之前，通过接触单一的化学物质或者短期接触某类化学物质来测量它们对人体组织的损害一直是测量化学物质毒性的黄金准则，是我们保护自身的早期预警机制。然而，这种方法无法告诉我们，如果长期接触某种物质或者该物质与其他物质的混合物是否会产生危害。而现实情况是我们的确持续不断地接触各种各样化学物质的混合物。这个盲点使毒理学家迄今为止尚未找到合适的评估办法。

就像科里–什莱赫塔指出的那样，对化学物质进行安全等级评估的标准方法忽略了现实环境。进入人体内的各种化合物之间的相互作用使得风险分析计算所依据的假定受到了挑战。首先，这些测试只是检测某种化合物是否会杀死细胞。小剂量的化合物也许不会杀死细胞，但有可能会干扰细胞之间传输信号，从而影响细胞功能的正常运转。科里-什莱赫塔补充说，健康的成年人仅仅接触一次某种化学物质并不能让我们从中了解该物质是否会影响儿童、慢性病患者或者老年人这些弱势人群，也无法了解许多事物和现象的真实情况，例如呼吸受污染的空气，空气就是数不清的各种各样的微尘组成的混合物，而这些微尘的化学组成在不同的时间和地点都会有所不同。

科里-什莱赫塔在《神经毒理学》中写道："关于人类所接触化学物质的信息，无论从深度还是广度上来说都有所进展，但依然十分有限。"科里-什莱赫塔提议，毒理学这一学科应将思维模式转变为"多方位"模式。在某一具体的生态系统中，不同目标区域所受到的刺激或攻击，无论是一种分子的多次刺激还是许多分子的集中刺激都会对该生态系统造成危害。她补充说，这是在毒理学领域实现其终极目标——维护人类健康——的道路上迈出了极其重要的一步。她指出，基于这种新的认识，目前的研究方法已经不足以为人类提供强有力的保障了。

那么，我们又该采取什么行动呢？

第十二章

购物的不是你，而是你的大脑杏仁核

如果你想创建一个洗发水品牌，可以到新泽西州中部的各个工业园区去，随便找一家超大规模的个人护理产品生产商，他们就会向你提供原材料，并帮助你生产成品。此外，厂商还会专门为你设计独家配方。我认识一位企业家，他是一家由著名发型师创办的护发产品制造公司的合伙人。他告诉我："所有业内人士都知道要去找这些生产商帮忙，他们替所有洗发产品做研发工作。这个行业内没有什么秘密，所有原料都有报价。"

洗发水的零售渠道共有三个层面：面向普通大众的连锁店、美容美发店和高端精品商店，三个渠道的零售价格逐层递增。普通连锁店处于市场最低端，通常选择大批量进货，因此出售的洗发水品种有限，原料比较固定，可变通余地较小。而美容美发店和精品商店对洗发水更为挑剔，且绝不会因为原料而调低定价。

洗发水行业巨头都拥有自己的研发中心和生产基地，但它们所使用的原料和生产方法与其他公司并没有太大的不同。这个行业和其他行业一样，最关注的也是产品的成本问题。那位合伙人告诉我："在制定洗发水配方的时候，决定我们选择什么原料的是定价而非消费者的需求。我们告诉配方师，为了保证产品销量，必须将原料价格控制在2.85美元以内，因为我们的销售渠道是普通连锁店。"

配方师说："以这个价格，你不可能拿到那些原料。"

"但是几个月后，经过多次试验，我们最终还是如愿以偿地研制出了成本只需2.85美元的配方。如果使用的是有机原料，价格就会高出很多。"

所有洗发水都含有几种基本的化学原料：表面活性剂、调节剂、发泡剂和香味剂。其中应用最广的是表面活性剂，它能帮助去除头发中的污物；表面活性剂刺激性较强，会让头发变得干枯易断，所以配方师在其中加入了调节剂来中和洗发水的pH酸碱度；发泡剂可让洗发水容易起泡；香味剂则使各种洗发水拥有自己独特的味道。以上原料是洗发水的4种基本原料。除此之外，各家洗发水生产商都会在这些原料的基础上，添加数十种其他物质，以使自己的产品与众不同。

这些配料并非都没有毒性。有一位生态学家曾经很气愤地告诉我，他最近听说自己和妻子使用的洗发水中含有二噁烷。这种物质是发泡剂生产过程中所产生的化学残留物，很可能会致癌，但产品的说明书里并没有将其列出。

如果你想买一瓶绝对安全的洗发水，最好不要选择那些名称听起来很环保，貌似含有某些植物原料的洗发水。因为它们所含的 50 种左右原料当中有很多可能会导致癌症、妇女不孕，或引起过敏、破坏人体免疫系统等，这些后果还只是洗发水诸多危害中的少数几种。当然，我并不是说使用一瓶某品牌的洗发水，或者用上几年就会导致这些后果，而是使用洗发水会提高这些情况出现的概率。

“自由肌肤”加倍保湿洗发皂则与其形成了鲜明的对比。它可以称得上是世界上最安全的洗发产品，因为它只含有三种简单的成分——棕榈油、可可脂和椰子油。这些成分绝不会对使用者造成任何危害。此外，我还从“肌肤深处”网站了解到一系列个人护理产品中可能会对人体造成危害的成分。[1] 据统计，美国妇女平均每人每天会使用数十种护理产品。“肌肤深处”网站详细列举出了这些护理产品中哪些可能含有有毒物质，并建议人们最好远离它们，以保护人体最大的器官——皮肤。

虽然各化妆品公司都极力鼓吹自家产品的原材料均属纯天

然，但化妆品的效果主要依赖的其实还是人工合成的化学物质。自2005年3月起，欧盟开始执行一项新规定，要求所有个人护理产品必须进行科学的毒素评估，其中所含化学物质必须全部接受“CMR检查”，即致癌物、诱导有机体突变物质及生殖毒性物质的检查。一旦发现某种原材料含有这三种有害物质中的一种或几种，就不能再应用于生产，或者只能在严格限定的范围内使用。至少在欧洲应当如此。

然而在美国，个人护理产品和化妆品中所含的大约1.05万种化学成分的安全性得不到保障。环保工作小组称，这些化学成分中有近90%从未接受过美国食品药品监督管理局或化妆品行业内部的评估。[2]而欧盟则为此专门设立了毒理学家委员会。该委员会由来自欧洲大陆各个实验室的科学家组成，每个季度都对这些化学成分进行定期评估。

在这些研究的基础上，再加上数年来的调研结果，“肌肤深处”网站将每一种化妆品成分与医学数据库中的安全性及危害性数据进行对比，评估出了各种成分对人体健康的危害程度。例如，该网站就是使用这种方法对“自由肌肤”加倍保湿洗发皂进行了评估，并将其评为10种最安全洗发水之一。与此形成鲜明对比的是，那些以生态环保词语命名的品牌却名列1 051种洗发水中“最不安全的10种”。

在洗发水安全指数列表中，“肌肤深处”网站将“安全产品”标为绿色，“中度危险产品”标为黄色，“需要提高警惕类产品”标为红色。所有消费者可能都很关注这个简单明了的列表。对那些想要了解具体数据的消费者，“肌肤深处”网站也详细列出了每种原材料的健康指数和具体数据。例如，该网站说丁基化羟基苯甲醚（一种保持洗发水中油质物不变质的化学成分）有可能导致癌症、内分泌失调、过敏、免疫力下降或身体器官中毒，并且已经有发现表明这种物质会累积在人体组织中，所以该物质用量越大，危险性就会越高。在从1到10的危害指数排名中，丁基化羟基苯甲醚排在第一位，危害指数为10。

通过公布5.5万种个人护理产品的潜在危害性，“肌肤深处”网站促进了消费者和销售商之间的信息对称。我曾向一位洗发水公司的高层管理人员提及“肌肤深处”网站及其对洗发水危害性的评估，发现他居然从未听说过这个网站，并对消费者使用这个网站提供的数据感到非常吃惊。他疑惑地问我，消费者是否真的会不怕麻烦地去网站上检验自己所购买的化妆品的安全性，更不要说根据网站上的数据来购物了。

很明显，消费者的确会这样做。根据我近期的调查，[3]自从这个网站2004年创立以来，到目前为止已经有64 328 621位访客。没有人知道这些访客中有多少是消费者，有多少是想调查自己产品排名的化妆品品牌经理，又有多少是洗发水配方师。在当今这个生态意识日渐觉醒的社会，数千万访客中这三类人可能都有。试想一下，如果测评结果摆在零售店里，或者洗发水货架旁，又会吸引多少消费者去上网查看。如果真的出现了这种情况，我相信没有哪一个洗发水品牌经理会不知道“肌肤深处”，会不去重新调整自己产品的配方，以期获得更好的排名。

从神经学角度来说，“肌肤深处”迎合的其实是人体大脑杏仁核所感受到的恐惧。杏仁核是大脑的恐惧中枢，这些神经回路持续扫描所有可能对我们造成威胁的事物，并激发“战斗，逃跑或原地不动”反应，让我们变得惊慌失措。当我们去购物时，杏仁核会提醒我们注意所购买物品的潜在危害。某种可能造成危害的产品会激发大脑中的原始安全机制，提醒我们逃避可能的危险。这不同于客观、理性的产品安全性评估。杏仁核通过情感逻辑发挥作用，其决策依据只有一条：预防胜于后悔。

在2007年美国各地涌现出的“反中国制造”的浪潮中，大脑杏仁核可能就起到了很大的作用。那次事件从2007年夏天开始，一直持续到圣诞假期购物季。在那几个月里，美国的各种媒体上都充斥着关于“中国制造”的商品有毒的消息，比如有毒宠物食品、有毒牙膏、含铅儿童玩具等。销售商被迫创造出一个新词——“无中国制造”（China-free），[4]以此向消费者保证产品的安全性。

在恐慌达到巅峰的时候，美国产品安全专家建议父母回避“中国制造”的玩具，转而寻找其他替代品。这一建议平息了父母大脑杏仁核的过分担忧。虽然理智告诉人们，中国生产的大多数玩具都是安全的，但杏仁核这一危险规避机制仍然在人们的大脑中发挥着强大的作用。尽管经过现实合理的分析后，人们知道绝大多数从中国进口的产品都不含毒素，但杏仁核一旦被激活，无论理智分析的结果是什么，都不再重要。杏仁核的过度谨慎与对危险的理性评估没有任何关系，它关心的只是人们应该怎样在这个充满危险的世界中存活下去。

一旦杏仁核认定某一物品是有害的，它从此以后就会对相似物品保持高度警惕。大脑杏仁核中有特定的回路，专门帮助大脑记住危险，并将危险物品与恐惧的感觉联系在一起。一旦这种物品再次出现，杏仁核就会唤起同样的恐惧。

在神经经济学中，也有和刺激消费者危险意识的神经有关的认识。这一新兴学科主要研究大脑在人类决策过程中的运转机制，比如消费者做出购物决定的过程。我曾和苏黎世大学的塔尼亚·辛格（Tania Singer）教授谈过关于警惕性极高的消费者的话题。辛格教授可能是世界上第一位在经济学院里教授神经经济学的人。她告诉我："如果一位母亲看到一件她认为含有有毒物质的商品，大脑杏仁核会让她心跳加速，而这一信号随后会被脑岛接收到。"脑岛位于人类大脑皮质深处，是大脑中进行思考的部分，与情绪中心有很强的联系。"它将我们的警惕性翻译成可以理解的文字信息，并把它解释为'我不喜欢这个产品'。"

吉尔·卡森（Jill Cashen）是一个5岁孩子的母亲，她在接受《华盛顿邮报》采访时说，当她得知美泰集团召回了旗下某些玩具，并声明这些玩具有可能造成儿童窒息后，她就收起了孩子的美泰玩具套装。[5]虽然她曾访问过美泰集团的网站，而且网站上明确表示该公司生产的大多数玩具不会对儿童造成任何伤害，但吉尔还是很担心，把这家公司生产的所有玩具都从孩子那里没收了。吉尔解释道："我觉得自己不能完全相信他们说的话，所以就没收了那些玩具。"她还补充说："作为父母，会伤害孩子的玩具真是太恐怖，太让人担心了。"

对巴巴·希弗而言，这种反应，或者更确切地说是过度反应，真是再正常不过了。巴巴是斯坦福大学经济学院的市场营销学教授，主要研究人们做购物决定时的理性思考与情感的关系。“如果我们做决定时既涉及理智又涉及情感，通常情况下情感会起决定作用。”他告诉我。

厌恶称得上是最强烈的人类情感，这种情感反应对任何一种生物的生存来说都十分重要。大自然让所有哺乳动物的大脑具有识别各种有毒物质及有害物质的味道、气味和外形的能力，使他们在遇到所有可能存在危害的食物时立刻产生厌恶情绪。毕竟这样要比无论看到什么食物都来者不拒好得多。这一生命拯救机制在人类的大脑中发展得尤为完善，从我们可能吃的食物扩展到我们能够察觉的范围，甚至离奇的信仰或者恼人的商业宣传也会让人产生厌恶感。

曾经有这样一个实验，实验人员为几位就餐者端上一瓶酒，名为“新加利福尼亚葡萄酒”，[6]给其他人的酒则是“新北达科他葡萄酒”。实际上这两种酒完全一样，都是赤霞珠干红葡萄酒。一旦就餐者认为自己喝的是“新北达科他葡萄酒”，他们喝的量就比较少，而且吃得也比较少，而认为自己喝的是“新加利福尼亚葡萄酒”的人的食量和酒量相对来说则较大。当然，这和北达科他州没有任何关系，只是人们心目中对这种酒持有习惯性的预期，并且这种预期影响了他们对眼前食物的感觉。

如果某种品牌的酒或商品未能给我们留下深刻印象，或者未能激起我们的厌恶情绪，我们的大脑眶额皮层对这种品牌的反应就会逐渐减弱，眶额皮层的作用是将我们的思维和情感联系起来。还有另外一个和酒有关的实验，应用了脑成像技术。在这个实验中，被测者被告知有一瓶酒价格极为低廉而另一瓶酒很昂贵。（当然这两种酒实际上也是同一种酒。）那瓶据称价格高昂的酒在被测者的眶额皮层区域激起了活跃的反应，显示出了被测者强烈的兴趣；而那瓶据称价格十分低廉的酒在被测者身上激起的反应较弱，显示出他们的大脑神经对这种酒不感兴趣甚至厌恶。

当我们因失去某些东西而感觉不快时，例如赌博输了钱或在股市上亏了本，大脑活动也会减慢。如果这一损失让我们感觉非常难过，那么这种失望感就会传导到杏仁核，杏仁核会让我们惧怕和回避，而脑岛则会让人产生厌恶感。相反，如果我们看到自己喜欢的某一品牌的标识，就会产生完全相反的感觉，因为我们眶额区的反应会变得很活跃，从而导致了某一商品销量的增长。

美国加利福尼亚理工学院的神经经济学家希尔克·普拉斯曼曾经在饮酒者中做过一项脑成像调查。他认为，这种增长显示了“对某种品牌偏好的神经反应，让人们产生‘这是我喜欢的品牌’的感觉。我们的认知模式，或者说是预期，决定了我们的神经活动。眶额区活动的减缓是某种物品无法激起我们兴趣的信号。如果我给你一根巧克力棒，或者一杯橙汁，并告诉你这是在雇用童工的工厂里生产的，你很可能也会产生同样的表示厌恶、不想吃或喝的神经反应”。

厌恶情绪反映了我们身体的一种内在机制，确保我们不会食用或使用变质、有毒或令人作呕的物品。而后天形成的厌恶感，也就是我们逐渐发现自己开始厌恶某种物品，则可以形成强大的市场影响力。人们的厌恶心理对市场营销所造成的消极影响可以解释市场营销中的一种普遍说法，那就是血汗工厂或有毒原料遭到披露之类的“坏消息”很容易就会让消费者做出放弃购买某种商品的决定，而好消息不会那么容易就让消费者决定购买。[7]某种商品的生产厂家安全不达标，或捕鱼方式危害了海豚的生存环境，从而导致人们抵制这种商品，这种现象就表明了“坏消息”的强大影响力。英国的一项调查表明，全英国有一半的消费者认为，他们会通过抵制某公司的产品来惩罚这个公司。一项国际性调查显示，有40%—50%的被调查者称，他们曾因为某个公司“行为恶劣”而拒绝购买该公司的产品。

“在你产生了某种情绪，比如厌恶感之后，你的反应不会仅停留在心理层面上，因为那还是一种神经反应。”理查德·戴维森（Richard Davidson）对我这样说道。理查德·戴维森是威斯康星大学神经科学实验室的主任，他领导的研究小组曾经做过这样一个实验：他们给志愿者5种酒，包括从“极好喝”到“极难喝”5个档次，然后记录下志愿者的大脑对这5种酒的反应。像其他类似实验一样，各种酒分别标有积极或消极的评价。结果发现当某种酒的标签为“极难喝”时，即使这种酒的味道其实属于中等，志愿者的大脑反应也会表明这种酒真的不好喝。

“认知提示对人的影响要比实际经验大得多，”戴维森对我说，“你听到或看到的某种产品的信息就是一种认知提示。如果这种信息是负面的，你的大脑就会对这种产品产生厌恶感。”

在市场营销中，消费者厌恶情绪导致的后果不难想象。戴维森解释说：“如果你对某种产品产生了厌恶感，同时还有另一种你不了解其负面信息的产品可供你选择，这时二者之间就会产生对比效应。最终你会因为对第一种产品不感兴趣而对第二种产品产生极强的购买倾向。”

销售人员早就了解对比效应的秘密。如果他们想兜售某种产品，就会先让消费者看另外一种质量较差的产品；如果他们想推销价格较高的商品，就先让消费者看价格更高的东西。大脑对价格的反应会因为对比物的不同而产生很大差别，因为价格的高低是相对的。

我曾经向宝洁公司一位极具创新精神的主管克雷格·韦内特（Craig Wynett）谈到“绝对透明”这一概念。他听后提出了长期利益与短期利益的关系问题，因为这一点对决策者的影响非常大。“我们天生注重短期利益，甚至会为了短期利益牺牲长期利益。从进化的角度看，这种短视行为十分合理，至少几十万年前是如此。”

韦内特将这种为了短期利益放弃长期利益的行为方式归结为人类在非洲热带稀树草原上生活的遗产，在稀树草原上，人类随时都可能死亡，因此必须采取“今朝有酒今朝醉”的生存策略。人类的许多重大问题，从肥胖到吸毒，都是因为继承了我们祖先‘目光短浅’的特点。当消费者站在柜台前时，他们关注的只是当前的问题——想获得一次愉快的体验，或者解决眼前的一个小问题。如果在这个过程中可以顺便解决一些长期问题当然更好，但长期利益几乎不会对人们的决定产生影响。

“但人类这种‘目光短浅’的坏习惯是可以改变的，至少理论上如此。这对消费者以及重视长期利益的商家来说是个好消息。人类大脑额叶可以控制我们的本能反应，但这个过程比较复杂。我认为，消费者在做出购物决定时，即使你让他们了解了产品的长期好处，他们也不会切实感受到这个决定是正确的，尤其是在他们为了这种长期利益需要多付20%的钱的情况下。理智告诉他们，选择产品甲对地球的未来有利，但就此时此刻而言，产品乙更加实惠。”

依韦内特之见，当消费者知道某种产品会给自己带来直接好处时，他们大脑中的决策机制也会随之发生变化。“消费者购物时注重的是自身感受。如果发现某种商品可能含有有毒物质，他们就会转而选择其他比较安全的商品。这种转变会给他们带来直接好处。从人体神经系统的角度来说，人体在感受长期利益和短期利益方面没什么不同。因此，消费者购物决定的转变具有认知意义，而不仅仅是感情用事；这是一种理性的冲动，而不是非理性的。”

“所以对商家来说，关键在于，”韦内特补充道，“要让自己的产品体现出消费者当前最注重的特点，用这些因素来吸引他们，并确保和竞争对手相比，你的产品在这些方面占据绝对优势地位。”

安全竞争

酚醛树脂是1907年发明的。当时它的发明堪称一个奇迹——一种黏性物质竟然可以神奇地塑造成任何形状，并保持不变，于是人们将这种物质称为“树脂”。和维多利亚时代的其他加工材料相比，酚醛树脂不仅更加耐用，而且造价便宜，所以它很快就取代了其他材料，比如用天然树脂加工而成的胶木，以及从木纤维中提取出来的奶油状赛璐珞制成的仿象牙材料。在酚醛树脂问世时，石油已经作为一种燃料日益流行起来。酚醛树脂也成为炼油产生的废渣的一种有效的工业应用形式。

随着收音机的普及，酚醛树脂开始广泛用于收音机制造，从而进入了众多普通家庭。此外，它还被用于福特A型车分电盘盖、手镯和台球的生产。在第二次世界大战期间，现代意义上的塑料，比如乙烯基塑料逐渐取代了酚醛树脂及类似的化学材料。乙烯基塑料和其他种类的塑料一样，非常坚硬，但软化剂的添加使乙烯基塑料拥有了固态酚醛树脂所不具备的特点：可以稍微弯曲一下。这种添加剂是邻苯二甲酸盐，它可以使这种塑料成为一种手感顺滑且长期不变形的原料。我们身边的许多物品，从医院里使用的输液袋到儿童浴室中的塑胶鸭子，都能用乙烯基塑料制造。

在“邻苯二甲酸盐信息中心”网站（一个商业赞助网站，与美国乙烯协会相链接）上，我们可以看到有关乙烯基塑料产品的描述:“乙烯基塑料可用于制造医疗设备、儿童玩具、汽车甚至房子。具有高度延展性的乙烯基塑料制品让我们的生活变得更加美好、更加安全。在医院的急诊室里，医生使用乙烯基塑料制品拯救生命；在我们的家里，乙烯基塑料制品让我们的房屋变得更美观、更易清洁、更节能也更结实。乙烯基塑料制品不仅性能好，而且造价低。没有哪一种替代品可以与之媲美。因为有了它，消费者节约了不少开支。”

至于邻苯二甲酸盐的安全问题，“邻苯二甲酸盐信息中心”网站声明:“在过去的 50 多年中，邻苯二甲酸盐一直是香水和指甲油的主要成分。有一种邻苯二甲酸盐可以使香水和其他产品的香味持久，还有一种邻苯二甲酸盐可添加到指甲油（以及工具把手和室外标识牌）中，以防止指甲油脱落。欧洲和美国的多个专家小组都对邻苯二甲酸盐进行过调查，结果证实含有邻苯二甲酸盐的玩具和指甲油是安全的。这些专家小组的调查结果中使用了诸如‘可安全使用’、‘不必担心’、‘没有迹象表明邻苯二甲酸盐会危害人体健康’等语句，而且政府调查也从未发现公众使用的含邻苯二甲酸盐的产品会造成危害。”

这些说法的确属实，至少目前为止属实，但邻苯二甲酸盐仍然是一种颇具争议的合成物。环境医学领域的公共健康活动家和研究人员都警告说，邻苯二甲酸盐是一种“需要引起人类警惕的化学物质”，有可能导致或引发多种疾病，比如孤僻症、生殖障碍和癌症等。

对任何一种具有争议的化学物质，[8]都会有人夸赞它，也会有人批评它。这些争论通常都在公众视线之外进行。媒体偶尔会对其进行报道，称又有了惊人的医学发现，但立刻会遭到业内人士的反驳，后者会不断发布信息以宽慰公众。

环保活动家和化学工业之间的科学争论也许永远不会停止，二者可能永远无法达成共识，但从商业的角度看，另外一种认识上的差异显得更加重要：关于化学物质的毒性，化学工业人士和消费者的看法完全不同。

在本书的开头，我曾提到过一辆玩具赛车。由于它可能含铅，我最终决定不送给孙子。在我做出这个决定的一周后，我在一家商店里看到了当地制作的各种木制玩具车。其中一辆车采用了独特的气动外形，使座舱空间扩大了一倍。那辆玩具车的包装盒采用的是可回收原料，并特别说明这种原料是来自佛蒙特州的可持续枫树木材，而且车身上涂的油漆也是无毒的。

最终我送给孙子的就是这辆玩具车。

它的价格比我前面提到的那辆玩具车要高好几倍。这一点对我来说重要吗？有一点儿。毕竟，无论我送给孙子哪一辆车，他都会玩得很开心。但我转念一想，在他们居住的小镇上，所有孩子的玩具都会通过一个社区回收箱进行回收利用，也就是说一个孩子的玩具最后会送到无数孩子的手中。我买的这辆玩具车设计新颖，而且比第一辆空间更大。

不过我主要考虑的还是孙子的健康，所以多花点钱也是值得的。最后，我毫不犹豫地付了钱。

我的这一决定是符合环境健康要求的。环境健康是一门新兴的医学专业学科，主要研究那些有害的化学物质是如何影响我们的身体机能的。虽然我们无法消除身体组织内积累的毒素，但我们可以停止吸取新的毒素。最好的办法便是提高警惕，尽量避免接触有可能危害人体健康的物质。这门学科告诉我们，不能掉以轻心，要拒绝选择和使用那些含有可能危害我们身体健康的物质的产品。

虽然目前还没有证据表明某些化学物质会危害人体健康（也许我们永远无法得出一个既能让各方信服，又能证明这些物质会危害人体健康的结论），但谨慎的消费者很有可能会避免购买含有这些物质的产品。生态健康专家认为，任何减少器官生化压力的行为对人体而言都益处良多。我们身体中的毒素越多，患上一系列疾病的风险就越大，所以明智的选择便是避免使用任何含有有毒物质的产品。

美国毒理学家在评估某种化学物质的安全性时，会对其固有毒性进行测试，即该物质对有机体的不良影响，例如导致细胞培养物或者实验用动物的组织损伤。他们认为，实验室里的这种影响并不意味着含有这种化学物质的产品一定会对人体造成损害。在得出科学的结论之前，还需要进行更多的测试。

与此相反，很多欧洲国家遵循的预警原则意味着，[9]一旦发现某种化学物质可能会对人体造成伤害，即使尚未掌握可靠的科学证据，也必须停止使用。欧盟已经明文禁止了一些其他国家广泛使用的化学物质，包括在美国很常见的原料。（这一举措与很多欧洲国家迟迟不肯在公共场所禁烟形成了鲜明对比。）谨慎的消费者会倾向于选择不含有害化学物质的产品，当然前提是要知道哪些物质才是安全的。

不过可以肯定的是，美国政府制定了大量规章制度，希望保护美国民众免受有毒物质的侵害。但如果想一想在医药生物学中，我们的身体与环境中的化学物质是如何相互作用的，我们就会发现政府条例中规定的安全界限并不精准。例如，美国政府规定，产品中的含铅量不高于 600 ppm（百万分比浓度）就属于安全范围，不会导致儿童认知能力下降。但是，研究发现，如果儿童血液中铅含量超标，并不会立即表现出智商下降的症状，要经过较长一段时间后才会有所体现。这一事实说明，虽然政府设定了含铅量的安全标准，[10]但孩子并不会因为某一次接触了含铅量超过 600 ppm的东西就立刻表现出行为及认知能力下降的症状。所以，美国儿科学会认为，铅含量的安全界限应该远低于政府设定的 600 ppm，仅为 40 ppm。康奈尔大学的行为毒理学家理查德·坎菲尔德（Richard Canfield）说："从来没有人能证明存在一条绝对安全线，低于这条线的含铅量就绝不会影响孩子的智力发育。"[11]

在判断化学物质毒性方面，研究环境健康的专家和工业毒理学家常常会做出不同的假设。特别是当他们代表不同利益，在不同猜想的基础上寻找证据时，产生的分歧更大。但无论如何，双方都无法证明自己是绝对正确的。

在谈到消费品毒性时，一位在跨国消费品公司工作的毒理学家打了一个比方：试想一下旷野中的老虎和动物园里的老虎。老虎本身是一种危险的动物，但关在动物园笼子里的老虎完全不会对人产生威胁。消费品中所含的化学物质就像是一只"关在笼子里的老虎"。

这位毒理学家的比喻忽视了可能发生的意外。在 2007 年圣诞节的前一天，圣弗朗西斯科动物园里的一只老虎跃过围栏，咬死了园内一名游客，还咬伤了另外两名游客。虽然动物园方面含糊其词地表示，游客来动物园游览依然安全，但事实上，老虎周围的围栏比实际需要的高度低了 90 多厘米。对此次意外，动物园的管理人员也感到非常震惊，因为他们一直认为老虎的围栏是绝对安全的。

工业化学物质也有可能出现类似的情况。随着越来越多新闻报道披露人们的日常生活用品含有各种有毒物质，公众对此类问题的警惕度也大幅上升。在这种人人都感到不安与怀疑的时刻，无论公司如何保证产品的安全性，公众都不会轻易相信。一旦大脑中的杏仁核开始警惕，怀疑就会战胜理性；一旦消费者不再信任某种商品，他们的品牌忠诚度就消失了。

这就是问题的关键所在。在超市货架前，起决定作用的不是生产商对产品的描述，而是消费者对产品的感受。虽然生产商不断保证产品的安全性，并让联邦监管机构与其说法一致，但高度警惕的消费者仍然可能转而选择另外一种他们认为更加安全的商品。

消费者选择的变化使得产品是否含有毒素的讨论难成定论。

即使争论双方吵得不可开交，日常生活中真正做决定的还是无数消费者大脑中的杏仁核，而影响杏仁核的因素可能仅仅是该产品的毒性问题受到了关注。杏仁核受到神经系统的“担忧”或“厌恶”情绪驱动，会发出要求购买安全商品的指令。只要某种商品具有潜在的危害性，或有对他们的家庭造成伤害的可能，消费者大脑中的预警系统就会启动，命令其拒绝购买这种商品。

随着有关产品成分的潜在危害的信息的普及，很多消费者就会选择拒绝购买那些有可能危害自己健康的产品。正如南丹麦大学环境医学系主任菲利普·格兰德简（Philippe Grandjean）博士所说：“等到掌握了准确的科学证据之后再去采取行动是不明智的。人们应该时刻保持谨慎，保护自己的身体健康免遭侵害。”[12]

一位环境健康专家曾对我说，当他知道孩子使用的防晒霜中含有氧苯酮（一种化学物质，接触阳光时有可能会产生具有致癌性的芳香胺）的时候，他非常气愤。他说：“我绝不可能把这种东西涂在孩子的额头上。不过如果我这样跟生产商说，他们一定会说：‘那我们来做一下危险评估吧。’而我只能告诉他：‘不，我只是想要不含可疑致癌物的防晒霜。’其实我挺喜欢这家公司的防晒霜，只是希望他们能改进一下罢了。”

目前，有关工业原料潜在危害的研究尚未得出确凿的结论。

生产商不断向消费者承诺产品的绝对安全性，并声称上述研究并不可信。针对这一现象，哈佛大学的儿科神经学家玛莎·赫伯特认为，他们这样做的目的只是想“安抚杏仁核”。同理，鉴于杏仁核在大脑做决定时起到的警示性作用，“肌肤深处”网站在原料安全性评估中所使用的“注意”一词足以引起消费者的警惕。客观地说，关于原料安全性问题，目前尚无定论。即使是那些被列为最有可能危害人体健康的洗发水，目前也没有确凿的证据证明它们一定会导致或引发使用者的严重健康问题，甚至连是否会引起皮疹这样的小问题也难以确定。

目前为止，鲜有证据可以证明某种化妆品成分会直接危害人体健康，因为这些危害都是长期性或间接性的，某种化学物质可能会影响人体内复杂的生理机能，从而最终导致严重的疾病。也正是由于问题的复杂性，生产商和消费者双方的观点才会有所不同。

尽管如此，假如我是某品牌洗发水的品牌经理，我宁愿使用那些会让我的产品比竞争对手效果更持久、味道更好闻、清洁性能更好、更能护发生发的成分。换句话说，我希望自己公司生产的产品能为消费者所接受。然而，如果我听说某个研究所在用小白鼠做实验时发现，我的产品中使用的某种成分有可能危害人体健康，那么即使没有足够证据表明这种成分真的会引发人体疾病，我也不会再使用这种成分。

我为什么会这样做呢？试想一下小白鼠实验结果会对商店洗发水货架前的消费者造成的影响吧！此外，对我们所接触的各种化学物质对人体的危害，医学上有了新的理解，而且根据预防原则，最安全的策略应该是购买那些对人体的潜在危害性最小的产品。例如，当我想购买洗发水时，我突然发现某种品牌的洗发水含有可能会对人体造成危害的成分，我一定会立刻选择另外一种不含该成分的洗发水。

我们大脑中的杏仁核是通过皮下神经来发挥作用的。一旦人体接触到有可能危害身体健康的物质，杏仁核就会基于“预防胜过后悔”原则做出分析。商家在运营过程中则倾向于运用皮层神经来理性地分析各类数据。因此，商家和消费者做决定时所采用的不同模式导致了二者最终决定的不同。影响消费者购物决定的忧虑感通常不会对商家造成任何影响。但是，随着消费者对产品信息的了解日益增多，如果商家以后继续忽略消费者的这种忧虑感，即使他们的生意不会受到致命打击，负面影响也在所难免。

对那些整日研究成本、价格等变量，却丝毫不关心消费者所购买产品中化学物质对环境的影响，及其对工人、消费者健康影响的经济学家而言，“化学物质的确有可能危害人体健康”这一观念代表着一个全新的研究领域。经济学家会从市场信息的角度来看待有关化学物质安全性的讨论。

目前，消费者对产品安全性的担忧尚未对我们所购买商品的成分造成太大影响。但是在一个绝对透明市场中，情况就完全不同了。消费者可以获得许多以前无从得知的信息，从而在掌握足够信息的基础上做出购物选择。生产商可能会出于各种原因使用有可能危害人体健康的化学原料，一旦消费者知道了哪些商品含有这些化学原料，他们就不会再继续购买这些商品。这样一来，消费者的选择最终将改变产品的原料构成。

第十三章

棘手的难题：谁在掏空地球资源

随着消费者与商家之间实现信息对称的多种方法的运用，也许今天市场上提供的商品将不再是消费者明天所需要的。各种新型信息处理方法将使普通消费者接触到大量数据，使他们了解自己日常购买的商品中所含的一系列常见原料对人体造成的影响，而这些影响可能是他们以前从未考虑过的。

对公司而言，要想在市场透明这一消费者偏好潮流中保持领先地位，就必须尽早了解自己产品中的哪些成分存在问题，这样才能开发出更好的替代品——行动宜早不宜迟。在评估产品风险时，公司管理人员首先必须充分了解消费者，知道消费者的最新想法并且采取相应的行动。公司再也不能等到事情发生之后才站出来否认事实，就像烟草行业数十年来一直否认吸烟会引发癌症一样。决策者必须是第一个知道发生了什么事情的人，核心决策团队的每一个成员必须比以往任何时候都更加清醒地知道应该如何进行风险评估，以及如何实现赢利目标。

阿特·克莱纳（Art Kleiner）是评论期刊《战略与商业》（*Strategy + Business*）的主编。我曾和他在人潮汹涌的纽约中央车站东侧的Metrazur餐厅用过餐，站在那里可以俯瞰整个中央车站。当时我问了克莱纳一个假设性的商业问题：“如果在不久的将来，表观遗传学（该领域研究控制基因的开启与闭合的分子种类）的研究证实，某些工业用化学原料可能会激活疾病基因，而这些化学原料又是生产一系列产品所必需的，那么在这种情况下生产商该怎么办？”听完我的话，克莱纳立刻列举了一系列棘手的难题，指出在考虑停止使用这些化学原料前，公司管理人员必须先找到以下问题的答案。

第一，我们真的在乎吗？这个问题的答案涉及我们的价值观、关注点、道德观等根本问题。那些在商业经营中重视社会责任和环境保护的管理人员会毫不迟疑地说：“我们在乎。”但是那些做决定时只考虑经济效益的管理人员可能不会回答这个问题，除非这个问题的答案可以帮助他们节约成本。然而，事实上大多数公司管理人员是介于这两者之间的，他们的成本底线中还包括其他方面的考虑，他们会继续考虑下一个问题。

第二，忽视这种情况会给我们造成什么损失？答案可能是会影响公司与品牌的声誉或者市场份额。这可能促使那些对第一个问题做出了否定回答的人们重新考虑他们的答案。

第三，应该怎样改变我们的思维方式？对想充分利用这次机遇的公司而言，公司的核心成员，即最有影响力的决策者相互之间应达成一致。但问题在于可能出现集体思维，即大家集体否认公司的产品存在缺陷或可能危害人体健康。烟草行业否认吸烟导致癌症就是一个经典的例子——虽然烟草业最终在持续了数十年的官司中胜诉，但输掉了整场战争。此外，底特律汽车行业在石油价格猛涨之前曾经抵制混合动力车，结果使丰田普锐斯蚕食了它们的市场份额。这个事例也体现了这种集体思维。与此相反，在回应玩具含铅的报道，以及随后公众大规模的警惕心理时，美国玩具行业则做出了截然不同的反应。他们专门创建了一个独立机构来检查和评估玩具的安全性。

另外一个答案就是，将目光放长远一些，不要仅仅着眼于短期内的利益得失。“我们十分为难。目前看来危机不会立刻出现，因此要立即采取更正措施的话会非常困难，”一位跨国消费品公司的高级管理人员这样对我说，“要做出这样一个决定，从某种程度上来说就是要看到长期性选择的‘净现值’。”

其中一个认知陷阱是沉没成本。那位公司高管补充道：“如果你已经在某个项目或某个工厂上投入了1 000万美元，那么根据经济理论，由于这笔钱已经花出去了，它就不应该再对你的决策造成影响。但是从情感上来说，没有人能够忽略这笔已经花出去的钱。当一个决策者决定不再遵循可能不会立刻带来经济效益的长期计划，转而追求短期利益时，从某种程度上来说，他做出了一个试图规避风险的决定。而对想降低风险的决策者而言，追求短期利益的吸引力要大得多。”

第四，这种情况对我们有何危害？证明我们的产品不安全的证据是否无可辩驳？质疑证据正是烟草行业所采用的策略。[1]几十年来，烟草行业一直在试图推翻吸烟引发肺癌的医学证据。其他很多行业也在使用相同的策略。另外一种不打破平衡的手段就是以竞争对手的做法和自己一样来辩驳。这种思维方式满足了那些根本不想做出任何改变的决策者的需要。

第五，我需要注意哪些信息？答案有很多，你可以到商品生命周期评估中去寻找。

第六，改变的代价是什么？厂商选择某种原料一定是因为它有某些优点，例如适用性强、结实耐用、保质期长、质地优良等。成分或生产过程中的任何改变都有可能导致产品质量下降、成本增加、收益减少、利润降低，甚至销量下滑，此外还会造成供应链管理的混乱。过去，那些试图做出改变的公司对改变所带来的风险还没有非常清晰的认识，对改变所带来的利润变化也只是猜测而已。现在决策者对改变的代价有了十分清晰的了解，他们有理由担心这一代价过大。因而，他们得出的结论就会比较消极：我为什么要改变呢？

第七，我们真的想知道真相吗？克莱纳是这样解释这个问题的："如果我们发现自己出售的商品添加剂中含有有毒物质，一直在毒害儿童，我们应该怎么办？"他所说的这种情况比较极端，而且这种情况会涉及情感和法律问题。公司的战略可以是掩盖事实真相，并做出相应调整，但公司会声称自己做出这一调整是为了满足消费者的需求，而不会承认是因为自己的产品有问题，因为那样会损害公司声誉。

第八，如果我们决定改变，怎样才能实现成本和收益的

平衡？也就是说，这种改变什么时候才会带来经济收益？例如，有一位出版商告诉我，他目前没有使用可回收纸张，因为环保纸张的价格太高了。他补充说："但是我们一直在讨论怎样才能既节约成本又保护环境，这两个目标现在看似相互矛盾，但总有一天会达成一致的。我们一直在关注其他出版商如何处理这个问题，并且也在和纸张生产商谈成本问题。只要有一家出版商开始使用环保纸张，其他出版商就会紧随其后。"

第九，变革需要什么样的后勤保障？任何一项重大变化都需要花钱，并且都会有反对的声音。某些供应商可能会因此失去一些客户，或者被迫改变经营方式和原料来源。行业内的格局会被打破，行业领袖也可能易主。

第十，这种变革值得吗？那些"在商言商"的管理者变革的积极性不高，因为他们的目标只有一个，即股东利益最大化。除非他们看到"生态透明"的实现可以帮助他们的公司赢利，否则他们不会愿意主动实施变革。管理者的这种怀疑态度是可以理解的，克莱纳的问题中对此也有所涉及。

以上10个问题及其答案都是围绕变革的价值提出来的，因为价值决定了商家的战略重点。这些答案的基础是以弗里德曼式经济原则为指导的标准的商业思维方式，即有意义的东西只有一个，那就是赢利。对商人而言，只有在不影响成本以及销量的情况下，他们才会考虑生态变革。根据这种思维方式，社会责任无关紧要，根本不是商业应该关注的问题。

但公众的生态商会逐渐提高，这种思维方式总有过时的一天，尤其是当市场份额的变化使生态变革开始得到回报的时候。从理论上来说，随着市场透明度的提高，掩盖或无视数据将不再奏效，因为消费者在了解事实真相以后绝不会放任自流。生态商较高的公司一定会最先采取行动——它是第一个想知道表观遗传领域数据的公司，第一个想和供应商合作共同做出改变的公司，第一个想获得市场反馈并在此基础上采取应对措施的公司，第一个视变革为机遇，认为变革不只会增加成本，也会增加收益的公司。

生态演进

2004—2005 年，印度南部的喀拉拉邦经历了一场严重旱灾，年降水量同比下降了 60%。由于农作物大面积旱死，许多绝望的农民选择了自杀。但是，即使是在村民没有饮用水的情况下，当地普拉奇玛达村附近的可口可乐公司装瓶厂也从不缺水，甚至还提高了产量。工厂全天开工，每天都有85辆货车载货驶出工厂大门，并且每辆车的载货量都不低于一万瓶。[2]

在此之前，村民就对这家工厂表示出了强烈不满。早在2002年4月22日，当地村民就开始抗议示威，这种状态一直持续了好几年。在此期间，这家可口可乐装瓶厂变成了人们关注的焦点，工厂鲜红色的运货车变成了企业肆意挥霍水资源、毫无社会责任心的象征。印度媒体对可口可乐公司也是恶评如潮，将可口可乐公司作为企业经营活动加剧数百万印度村民慢性脱水的典型代表。

当地村民委员会和喀拉拉邦法院最终决定，强迫这家可口可乐装瓶厂关闭17个月。可口可乐在整个印度的销量直线下降。对此，可口可乐公司回应称该公司是从含水层取水，从技术层面来讲，和当地农民饮用的地表水并无直接关系。可口可乐公司认为，当地村民缺水是由于旱灾而不是装瓶厂用水所引起，并且宣称自己往含水层中回灌的水要比取出来的水多得多。[3]

从那时起，可口可乐公司开始对用水问题展开深入调查。2002年，该公司管理人员进行了一项针对世界淡水资源、水资源日益稀缺以及地下含水层耗竭等问题的研究。但是那次自上而下的调查与可口可乐公司在世界各地的运营管理者，比如负责管理喀拉拉邦备受争议的装瓶厂的那些人并没有什么关系。内部研究表明，运营经理只是简单地认为，当地供应工厂用水是理所当然的事。他们从没问过“这些水是从哪儿来的”，即使某些工厂经理关注当地供水情况，公司方面也从未表示要支持他们采取行动，解决这一问题。

在水资源管理这个问题上，可口可乐公司关注的是运营层面的问题，比如废水处理及提高工厂水资源的利用率。一般来说，可口可乐公司不仅不会考虑水是从哪儿来的，也不会考虑当地整体水资源情况。正如可口可乐公司负责环境和水资源问题的副总裁杰夫·希伯莱特（Jeff Seabright）所说：“我们需要有人提醒才能跳出工厂这个小圈子，关注更大范围内的水资源问题。”[4]

在当今世界，有40%的人缺乏可靠的安全饮用水源，这种缺乏正日益破坏人类的栖息地。可口可乐公司这种漠不关心的态度不能再继续下去了。后来，该公司在全球的23个分支机构都召开会议，讨论了用水问题，并要求地区经理完成一项包含300个问题的全方位的问卷调查，以全面了解当地用水问题。通过提高全公司所有人对用水问题的关注度，可口可乐开展了一项全公司范围的讨论。很多以前相互之间从未说过话的人现在都开始一起探讨这个问题。这时候，正如希伯莱特所说，可口可乐公司才意识到自己缺乏水生态系统和流域动力学方面的专家。于是可口可乐公司向世界野生动物基金会寻求帮助。

可口可乐公司的这一行为给世界野生动物基金会带来了困扰，因为野生动物基金会虽然一直以来都接受来自企业和公众的捐助，但无论是对企业还是大众，它都一直保持着一定的距离和独立性。随后，世界野生动物基金会意识到，和企业合作也能够增强自身影响力，并决定重新考虑自身的战略和使命。苏珊娜·阿普尔（Suzanne Apple）是基金会方面可口可乐项目的协调员，她指出可口可乐公司是世界上最大的糖料买家，同时该公司还购买了大量的铝瓶、玻璃、茶叶以及其他许多产品。“如果我们能和可口可乐这样的大公司合作，并促使其做出改变，使用可持续能源，”苏珊娜·阿普尔说，“这样产生的影响力将不可低估。”[5]

但是现在迫切需要解决的是用水问题，或者更准确地说是如何改变人们的思维方式，让他们不仅仅从生产用水、清洁用水、加工用水或其他类似的角度（例如怎样减少可口可乐公司的用水量，将一瓶可口可乐的用水量从 3 升多减到 2.5 升以下）来考虑水资源问题。世界野生动物基金会运用了一系列方法，比如分析装瓶厂中从供应商用水、分销商用水到零售商用水的整个用水过程，帮助公司员工开阔视野。结果证明，甘蔗是所有农作物中用水量最大的一种。这一全面分析得出的结论是：种植一瓶可口可乐所需蔗糖的甘蔗，需要用水200升。

可口可乐公司由此发现了自己的贬值链。诸如此类的认识使公司管理人员改变了对公司用水的看法。他们不再仅仅关注装瓶厂的用水，而是开始关注整个供应链上所有环节的用水问题。可口可乐需要考虑到公司的主要用水环节，以及如何回充水和回充多少。正如希伯莱特所说，“如果我们继续浪费水或者污染水，我们就没有权利再生存下去了”。

这一认识再次向可口可乐公司敲响了警钟，促使他们将用水问题的研究范围扩大到了公司以及供应商的总用水量，从而把公司看作一个整体用水系统中的一部分，而且整个系统的用水情况可以测量与改进。这也使得可口可乐公司能超越一己之私，与其他公司联手，共同表达改进企业用水状况的意愿。“CEO水之使命”就是这一意愿的一个见证，这是一项由联合国“全球契约”发起的倡议，旨在敦促各公司改进公司运营用水、供应链用水、供水地管理等方面的状况，提高用水情况的透明度和公开性。

从某种程度上来说，生态透明这一目标在可口可乐公司得以实现。可口可乐公司聘请会计师事务所评估了该公司在印度等国家的用水情况，并公布了评估结果，以证明可口可乐公司在用水方面取得的进展。那些已经符合“CEO水之使命”标准的公司提出，应当设立更高的用水标准，以促使供应商提高用水效率，帮助解决当地缺水问题并提高水的清洁度。可口可乐公司在普拉奇玛达装瓶厂内安装了一个复杂的降雨收集系统，以帮助补充当地地下水资源。那个装瓶厂还在附近的村子里打了一口井，每天都会派两辆卡车送淡水过去补充水资源。

针对公司全球范围的运营，可口可乐开始从一个全新的视角来看待公司的用水管理。2006年，可口可乐及其特许经销商总共用了超过3 000亿升的水，其中一部分被用于最终产品即可口可乐饮料中，但是大部分都是在生产过程中被消耗掉的。可口可乐公司制定了一个短期目标，即到2010年公司所有装瓶厂产生的废水都能返还到当地的水循环系统中重新利用，[6]并保证这些废水的洁净度达到水生生物能够利用的程度，并且公司还会继续对这一目标进行评估。

可口可乐公司一直在不断努力，希望增加对所在地用水情况以及当地与用水相关的社会经济事务的了解，从而在这一方面成为全球所有公司的楷模。2007年7月，可口可乐公司总裁内维尔·伊斯德尔在联合国“全球契约”领导人高峰会议上宣布，在今后几年内，可口可乐公司都将遵循“用水总量绝不超过回充水量”的指导方针。

可口可乐公司开始以可持续方式用水，并将其作为创造价值的一种方式。麻省理工学院国际组织学习协会的彼得·圣吉（Peter Senge）和他的同事认为，可口可乐公司的这一转变可以视为企业发展过程中的5个独立阶段之一，[7]且每个阶段做出改变的动机都不同。第一个发展阶段是公司做出常规性反应的阶段，就像克莱纳所提出的问题背后的假设那样，符合生态要求的成本很高，而且没有必要。

这一假设使得各家公司固执己见，想方设法否认生态需求的存在，四处传播疑虑。只有出现外界压力的时候，比如政府新出台了规章制度要求减少污染物排放，或者环保活动家召开了年会，各大公司才会采取一些措施，改善一下生态环境质量状况。而且这些措施也是能少则少，只要达到最基本的要求即可。就连沃尔玛公司的CEO李·斯科特（Lee Scott）都承认，零售商最初采取这些措施只是为了改善公司形象而已。

根据圣吉所说的模式，进入第二个阶段后，各公司开始采取比较积极的行动。促使它们行动的主要因素是它们意识到了采取环保措施能够帮助公司节约成本、改善形象并提升品牌价值。各公司争相寻找节约能源的新方法，这就是第二个阶段的表现，例如沃尔玛在运货车上安装了小型发电机，并因此每年节省 2 500 万美元的柴油费。此外，沃尔玛还通过安装Adobe系统改进了总部设施，使其符合LEED标准，并在 10 个月内节省了 1 400 万美元的成本。类似的成效可以形成良性循环，因为一项措施生效之后就会促使人们寻求更多方法，以获得更多的收益。

在找到节约成本的方法之后，公司就会进入圣吉所说的第三个阶段：将可持续发展思路融入公司的发展战略之中。这一般是通过寻找一系列造福生态环境的商机来实现的。对上市公司而言，它们必须不断证明提高生态商可以帮助公司赢利，才能达到第三个阶段。在公司内部，可以表明公司已经达到第三个阶段的标志包括：公司可持续发展事务不再由利益相关者管理方面的主管负责，而是由业务部门或企业行政主管，比如首席行政官负责。在一家公司里，可持续发展的实现对很多方面都会产生影响，比如资金和预算分配、核心运营、研发等，因此在公司的战略制定及实施方面具有十分重要的地位。可持续发展还会促使公司开发新市场、重新考虑供应链等。

宝洁公司目前就致力于将可持续发展融入公司战略中。“我们经常运用生命周期评估来评估我们公司的可持续发展项目。”

宝洁全球可持续发展副总裁莱恩·索尔斯（Len Sauers）这样说。从一次性纸尿裤到洗发水，宝洁经常对公司所有产品的能耗进行生命周期评估，结果表明公司产品能耗最大的阶段不是产品运输，也不是原材料提取，而是消费者的使用过程，因为消费者在使用洗涤剂前需要先把水加热。

索尔斯说："目前为止，这是我们公司整体能耗中所占比例最大的一个环节。"后来，该公司的研发部门开发出了汰渍冷水洗衣粉，使用时不需要加热洗衣机里的水就能洗净衣物。据索尔斯说，如果所有美国人都使用这种洗衣粉，全美家庭用电总量将降低 3%（节约近 900 亿度电），并且能减少 3 400 万吨的二氧化碳排放量（约为《京都议定书》中规定的美国目标减排量的 8%）。[8]

索尔斯说，汰渍冷水洗衣粉几乎没有任何负面影响，而且其最大的优势是价格并不比常规洗衣粉高，而清洁效果和其他洗衣粉一样好。宝洁公司的统计表明，省略加热水这个环节所节约下来的电费就能抵消购买这种洗衣粉的费用，也就是说，"汰渍冷水洗衣粉为自己埋单了"。在实现了生态透明的市场中，这种洗衣粉将成为优质产品的代表，至少在节能方面是做得最好的。

宝洁公司的市场研究发现，多达 10%的消费者乐意"给自己找麻烦”。例如，他们愿意为了购买环保产品而多花钱。此外，还有75%的消费者会购买可循环使用的产品，只要这些产品不是价高质低。“我们认为，只要满足这75%的中间人群的需要，我们就可以产生巨大影响。”索尔斯说，“汰渍冷水洗衣粉的价格和质量和其他洗衣粉都没有什么区别，也没有缺点。作为一个公司，我们认为这样的产品能让我们与众不同。生命周期评估帮助我们实现了这一目标。”

宝洁公司的另一项改进措施是生产浓缩产品，主要是寻找提高等量产品效能的方法。例如，过去洗一桶衣服需要用半杯液体洗涤剂，在对这种洗涤剂进行浓缩处理之后，现在洗一桶衣服只需要1/4杯就够了。索尔斯说，这意味着“瓶子变小了，装运变简单了，运输更便捷了，因而也节约了更多的能源。如果美国所有洗涤剂都采用这种浓缩方法，我们一共能够节约超过6亿吨原材料，缩短6 760万公里的运输里程。”

促使宝洁公司这样做的因素之一是沃尔玛公司所提倡的生态友好型包装，即要求沃尔玛公司所有的供应商将包装材料最少化。因此，宝洁公司的卫生纸和厨房纸巾都会卷成很大的卷，从而减少了包装、运输所需空间。这样做的好处还包括减少了最终送往垃圾掩埋场的纸芯和包装材料。

“我们公司致力于寻找更多类似的改进措施。”索尔斯说。公司产品的生命周期评估分析表明，在减少了洗衣服时加热水这一程序之后，宝洁公司的下一步节能措施将针对生产洗涤剂、一次性纸尿裤、家用洗洁精、洗发水所用的原材料（毫无疑问，这一次应该也是减少热水用量）。

“公司最近制订的可持续发展五年计划是开发出价值至少200亿美元的可持续产品，”索尔斯说，“有几种这样的产品已经进入研发阶段。公司所有业务部门都在开展相关工作，我们期待他们都会有所贡献。同时我们还在审视我们的供应链并咨询供应商，希望他们也能提供一些新的想法，帮助我们改进自己的产品。”

正如索尔斯所说，宝洁公司目前的商业战略是“寻求创新，创新能帮助我们生产出更好的环境友好型产品，还能降低生产成本，并且不会对消费者造成任何负面影响。我们已经把可持续发展融入了公司商业发展的每一步”。

生态商发展到最高阶段的公司已经在潜意识里将生态环境保护置于最重要的地位。通常能够这样做的公司在竞争对手还处于消极应对的阶段时就已经看到了潜在的商机。这些卓有远见的企业家从一开始就把生态环境保护视为公司整体目标的一部分。

以欧洲最大的有机产品分销商艾斯塔公司（Eosta）为例。该公司资本为1亿美元，创始人是沃尔克特·恩格斯曼（Volkert Engelsman），他曾经就职于嘉吉公司（全球最大的农产品公司），后来辞去了分销部主管一职，自立门户，希望创立一家致力于环境保护、提高人类健康水平以及更加具有社会责任感的公司。他告诉我："我们知道，只有使用与这三个目标相符合的资金创立公司，我们才能真正承担起这些责任。所以，我们公司的创业资本来自绿色投资基金。赢利是我们成功的标志，但绝不是唯一的标志。"

艾斯塔是具有生态商的公司的典型代表。他们奉行的基本原则是：了解公司影响，不断改进，与人分享所知所学。如果你从艾斯塔公司购买了一个杧果或橙子，你可以在那个杧果或者橙子上看到一个印有三位数字的标签，只要到网站www.natureandmore.com上输入这个数字，你就会看到一系列关于该水果的信息，包括它是由哪位农民种植的，这位农民是如何进行种植和管理的，以及这个杧果或橙子有什么优点等。例如，塔曼杜阿庄园是巴西的一个杧果农场，位于赤道附近的帕拉伊巴州。这个农场引进了一个抗旱性强的新杧果品种，并安装了滴灌系统，以解决这个地区气候干热、水资源缺乏的问题。该农场还把这些种植方法教给了当地其他农民。

该农场的主人皮埃尔·兰多尔特（Pierre Landolt）在接受采访时说，他是1977年离开欧洲来到巴西开办这家农场的。他希望能给这个经济贫穷、气候恶劣的地区带来更好的农业技术。艾斯塔公司网站上有一个幻灯片专门介绍这个杧果农场，上面有许多工人将杧果进行分类，然后装箱待运的图片。另外还有一个表格，表格内的数据是一个独立的评估机构对他们的产品所进行的评估。评估内容包括工人工资以及创新型灌溉系统和害虫管理，后两项是该农场得分最高的两个方面。

"我们在尝试着建立一个沟通的桥梁，"恩格斯曼说，"这样消费者就能了解我们的种植者，知道我们产品的种植者就在各地社区里。无论是在埃及还是巴西，我们都认识他们。我们希望突出种植者的功劳。"

这一沟通的桥梁降低了艾斯塔公司产品的商业化程度。虽然对大多数分销商来说，一根香蕉仅仅是一根香蕉而已，但恩格斯曼认为有必要建立起消费者与香蕉种植者之间的联系。"我们为具有自觉意识，关注健康、环保和社会事务的精英服务，"他告诉我，"我们并不想和价格最低的商品竞争，我们只想从种植者种植的产品中获益。他们所种植的产品不仅是有机产品，而且对社会、环境都是负责的。”

如果某位种植者的农产品在艾斯塔评分系统中得分较高，那么他的产品定价也会较高。“我们可能会把得分高的产品定价为12欧元，而把得分较低的产品定为10欧元或者更低，”恩格斯曼说，“我们会把这个差价返还给种植者。公司利润率是固定不变的，这样种植者的努力才能得到应有的回报。”

恩格斯曼相信透明市场的力量，相信公司价值链和农产品质量透明度的力量。艾斯塔公司执行的这种信息追踪制度就体现了该公司对透明市场的应用。根据这个制度，公司销售的每一种水果、蔬菜都能查找到具体的种植者和得分情况。“现在的消费者十分关注健康、环保和社会责任，并通过向绿色和平组织这样的机构捐款来表达自己的支持。”恩格斯曼告诉我，“我们希望帮助我们的顾客通过自己的购买力来支持他们所关心的事业。我们只有通过提供全面的信息，让他们了解所有产品的生产过程，才能实现这一目标。我们要告诉顾客这些产品是谁种植的，告诉他们每一种产品在健康、环保和社会责任三方面的质量评估结果。”

艾斯塔公司在产品评估方面做出了很多努力，还从其他地方聘请了营养专家和生态专家来评估公司出售的每一种水果和蔬菜。此外，还会有独立审计师针对上面提出的三个方面进行审计并得出结论，例如得出一种苹果的最终得分情况。种植者可能会因为向当地的学校或诊所提供了帮助、与自己的员工共享利润或做出了一些文化方面的贡献，比如为当地社区举办音乐节而获得较高的社会得分。“各地社会得分的评估标准不尽相同，”恩格斯曼说，“如果津巴布韦的一位种植者告诉我们，他能保证农场里所有员工的孩子都能上学，这就是社会得分的加分项，但在新西兰则不然。”

影响产品环保得分的项目包括水资源节约情况、堆肥使用以及其他有机农业生产方式的指标。审计人员每年会去农场考察 4 次，其中两次会提前告知种植者，另外两次则是随机的。健康得分的主要评比依据是营养、味道及产品到达艾斯塔零售店时的其他各项指标。例如，巴西塔曼杜阿庄园的生态和社会责任得分都是四星级。如果你想知道该农场杧果的健康得分情况，那就需要购买一个最近刚从该农场运来的杧果了。

据恩格斯曼说，很多艾斯塔农产品的零售商都十分重视公司的评估结果，并将其视为生态透明的表现。恩格斯曼说，有些经营艾斯塔产品的零售商非常希望避免丑闻的发生。比如，BBC 曾经播放过一部纪录片，反映了英国某个大型连锁超市中出售的来自亚洲的有机花生在收获过程中使用了童工。零售商都希望避免类似丑闻发生在自己身上。在这种环境下，只有主动监督、预测消费者的购买倾向和购买热点，提前做好应对措施，并通过信息公开向消费者保证商品的质量，品牌才能在竞争中取胜。

艾斯塔公司的多数供应商都集中在南半球，因此该公司最主要的生态成本在于运输过程。“我们发起了一个气候友好项目来抵消公司的废气排放。在德国国家认证机构的监督下，我们对整个产品供应链上的温室气体排放都进行了生命周期评估，从农场到消费者餐桌每个环节都不放过。”

此外，艾斯塔公司还发起了一项创新活动来减少甲烷气体的排放。“如果你将一座城市中所有的绿色植物垃圾收集起来，扔进垃圾填埋场，它们就会逐渐腐烂，”恩格斯曼说，“然后会进行厌氧发酵，并最终产生甲烷。如果你没有把这些植物垃圾扔到垃圾填埋场，而是把它们放进肥料堆里，并用正确的方法进行处理，它们就不会产生甲烷，相反，还能帮助你保持肥料堆的稳定供应，提高土壤肥力，让你不再需要使用化肥。此外，它还能提高土壤含水量，减少水土流失，并提高农作物抵御害虫的能力。”

“另一方面，”恩格斯曼说，“如果种植者按照传统农业方式施用氮肥，虽然可以提高产量，但农作物抵御病虫害的能力就会下降，这样他们就不得不使用杀虫剂。而生产和使用化肥所产生的温室气体占全球温室气体排放总量的16%，其中尤以氧化亚氮为甚，这种气体的破坏力是二氧化碳的300倍。”

艾斯塔公司供应链上的有机农场所产生的堆肥成功获得了《京都议定书》授予的碳信用额度。目前该公司已经和几个发展中国家的农场及合作伙伴一起组建了合资企业，生产堆肥以替代氮肥。这样一来，农场通过出售碳排放指标又新增了一项收入来源。

“我们正在扩大和世界银行合办的合资企业的规模，”恩格斯曼说，“不管是什么作物，从柑橘到油梨，都可以使用这种积肥方法。大多数农田都集中在河流两岸或三角洲地区，这样化肥很容易流入河流，引起水质的富营养化。世界银行已经投资开展了一个项目，专门雇人清除因化肥排放过多而产生的藻类植物，以免它们夺取水生生物生存所需要的氧气。但是我们认为，不应该烧毁那些藻类植物或其他植物，而应该将它们用于制作堆肥，从而逐渐减少化肥的用量，从源头上解决问题。”

艾斯塔公司是一种新兴企业的典型代表，从一开始就把“生态保护”这个概念融入了公司的血液之中。但在大多数公司中更常见的是另外一种模式，即将现有项目进行重组，以融入可持续发展及生态商的其他代表性因素。ABC家居用品公司就是这样做的。该公司是曼哈顿的一家时尚家居用品零售商，公司老板保莉特·科尔（Paulette Cole）告诉我，她是在2004年接手这家公司并担任CEO的。她说："我们决定要成为一个牢记公司使命，以企业为平台，引领零售业销售模式变革的公司。我们要以美丽为工具，带动这场变革。我们要实现独具一格的绿色革命。"

ABC公司是可持续家具协会的创始者之一。他们采取的第一项行动是给所有家具供应商写了一封信，这些供应商大多数都在北卡罗来纳州。"我们告诉他们，我们准备在家具上贴上标签，告诉消费者制造这件家具的木料的来源。我们认为，我们公司应该成为其他家具公司的楷模，而且我们相信以负责任的态度加工出来的木材才能赢得更多的客户。所以，现在我们邀请您参与到我们的行动中来。"

"多数供应商都很认真地考虑了我们的提议，但有些人还心存疑惑，"科尔说，"毕竟你是在要求他们提高成本和加大工作量。"所以，ABC公司和热带雨林联盟等非营利组织进行了合作，请它们提供帮助，为家具生产商提供技术指导，告诉他们以负责任的态度加工出来的木材应符合什么标准，以及在哪里能找到这样的木材。他们还警告家具生产商，虽然有些国家的政府可以出具文件保证木材的可持续性，但这些文件通常只是为了掩盖黑市木材交易。此外，他们还告诉家具生产商获取木材的正确方法。

“我们会和家具供应商分享这些信息，这样我们才能得到理想的家具。”科尔说。ABC公司的家具当中有40%的标签上都写着“优质木材”的字样，以证明这些家具使用的都是可回收木材，并且生产过程中没有任何违反道德规范的现象。这种标签只是零售商常用的十几种标签之一，他们会通过这些标签告诉消费者自己所售产品的相关信息，并保证这些产品不会对生态环境造成破坏。其他生态标签还包括：“使用有机材料”“不含甲醛”“有机棉/丝/染料亚麻布”，以及“有机婴儿用品”（即安全无毒儿童用品）等。

ABC售货大厅位于公司大厦三层，占地300多平方米。大厅里集中了该公司的所有产品，所有家具都摆放得像博物馆展品一样。消费者在这里可以了解到有机木材、天然木材和“无伤害”木材的区别，了解什么是有机棉，什么是天然染料。该公司的所有家具上面都会贴上13种标签中的一种，它们会告诉消费者每种产品对生态环境有没有影响，如果有的话影响有多大。“我们这样做是为了告知消费者相关信息，并为其他零售商做出榜样。”科尔说。

英特飞（Interface）是一家地毯生产商，该公司的CEO

雷·安德森（Ray Anderson）依然清楚地记得自己开始向环保意识转变的那一天。[9] 那是在 1994 年公司的销售大会上，有人请他向公司销售人员谈一谈公司的环保理念，他回答说："很简单，我们按照法律规定办事。"

这个毫无新意的回答让安德森后来对环保问题进行了更加深入的思考，直到他惊愕地发现："我意识到自己的公司正在掏空地球的资源。"

于是安德森为公司制定了一个目标，要让公司成为一个"恢复归还型企业"，绝不掠夺地球上任何不可替代、不可再生、不可再利用的资源。他下定决心，要让自己的公司成为一个具有生态商的公司，一个不会给生物圈带来任何危害的公司，成为一个可持续发展的公司。他不仅关注环境危机，同时还具有商业远见，因为他意识到了解决环境问题的最有力也是唯一的力量正是"问题的制造者——企业以及包括你我在内的所有人"。

第十四章

生态透明的新商机

无论你住在哪里，无论你从事的是什么职业，你的家中和办公室里都很有可能摆放着菲伯玛科公司生产的产品。菲伯玛科是一家制造纸张、包装盒以及其他一系列相关纸质产品的公司，几乎全球所有厂商都会使用该公司的产品。菲伯玛科的产品种类很多，从《圣经》封皮到墙纸，从爱马仕围巾漂亮的包装盒到办公室里随处可见的文件夹，应有尽有。作为世界上最大的包装盒和纸箱供应商之一，菲伯玛科成功地改变了全球供应链中的产品流向：该公司的工厂设在美国，产品销售到中国、泰国等，这些国家的公司使用菲伯玛科的包装盒来包装产品，然后再把这些包装盒随产品一起出售给世界各地的零售商。

菲伯玛科造纸厂位于美国佛蒙特州的伯瑞特波罗市，该厂可向客户提供 200 种不同颜色、不同级别的纸张。

在佛蒙特州这个森林遍布的地方，菲伯玛科在伯瑞特波罗市的工厂是该州第一个用废弃食用油代替燃料油为工厂涡轮机提供动力、烘干纸张、提供热能的工厂。佛蒙特州的环保部门曾经要求检测该工厂使用的油，看这些油燃烧产生的烟尘是否会让伯瑞特波罗这个美丽的城市到处弥漫着快餐店的味道。测试结果令人非常满意，因此州政府允许该厂继续使用废弃食用油。现在，菲伯玛科的运油车每天都会去曼哈顿收集那里的餐厅废弃的食用油。

用废弃食用油代替燃料油为该厂节省了近75%的燃料油，同时还帮助该厂减少了两种会导致酸雨的气体——二氧化硫和一氧化二氮的排放。工厂里的空气质量得到了极大的改善，过去无处不在的燃料油的味道逐渐变淡了，因为植物油燃烧起来要比燃料油干净得多。

该工厂的这一环保决定既帮助工厂节约了燃料油，又有利于环境保护。同时，菲伯玛科公司还在试图推行其他环保措施，尤其是越来越多地使用可回收纸张制造包装盒和包装袋。菲伯玛科的部分顾客，特别是大学里的老师和学生已经开始要求购买环保纸了。但是当我问起菲伯玛科的CEO 安东尼·麦克劳伦（Anthony MacLaurin）是否已经应客户要求，转为生产环保纸时，他回答说："目前还没有，但是我们相信这是市场发展的趋势，所以我们正在向客户推广环保纸。"

很多公司的产品都在使用菲伯玛科公司生产的包装盒和包装纸，所以只要菲伯玛科公司改进了自己的生产方式，那么所有使用该公司产品的公司也都会变得更加环保。正如格雷戈里·诺里斯所说："只要你的任何一家供应商采取了更环保的生产方式，你的产品都会变得更环保，而且你的顾客也会随之变得更环保。由于这种连锁效应，在一个公司的数千家上游供应商中，只要其中一家采取了更环保的生产方式，它就和你们公司结成了同盟。"

在格雷戈里·诺里斯向我介绍一个玻璃瓶的生命周期评估的详细情况时，他说明了这个瓶子给环境带来的诸多负面影响，同时也指出每一个玻璃瓶都代表着一个机会，一个探寻是否存在改进措施的机会，例如通过使用另一种化学原料或另一种加工方式，就有可能降低玻璃瓶对环境造成的影响。"所有的负面影响都是一种浪费，没有人希望看到这些负面影响，并且我们可以通过改进设计来降低这种影响。"

诺里斯设想了很多有可能在工业和商业中实施的生态保护措施。"地球人"就是这样一个基于互联网技术的免费、公开的项目，它向供应商提供一个由生命周期评估程序驱动的窗口进行商品交易，并提供在线商场以便供应商随时更新货源。在我们谈话的时候，诺里斯和他的同事正在开发这种生态友好型软件的模板，[1]参与该软件研发的还有戴尔公司、欧文斯科宁公司、石原农场以及得克萨斯州政府等。所有参与方将来都有可能成为这一软件的用户。

“地球人”软件项目希望能为进行网上购物的消费者提供一个表达意愿的机会，让他们能够告诉生产商自己希望看到产品中的生态因素得到怎样的改善。这一软件还能让供应链上的所有生产商根据行业平均标准评估自己在生态环境保护方面的表现，并让希望有所改进的公司知道如果他们能证明自己的产品及生产过程既环保健康又无害于社会，他们的收益就会得到改善。从理论上讲，生命周期评估提供了一种显而易见的方法，帮助生产商了解产品供应链升级可能带来的收益。

“地球人”软件项目有赖于全社会共同合作，建立起一个数据库。“如果我们公开了我们公司所销售螺丝的生命周期评估数据，”诺里斯说，“而你在你的产品中使用了我出售的螺丝，你就可以把这个螺丝的相关数据作为你们产品数据的一部分输入生命周期评估资料库，这样我们就一起建立了一个资料库。我们希望有这样一个系统，在这个系统中供应链上的所有人都能够帮助我们收集信息，让大家知道某种产品可能对环境造成的影响。”

为了加速这些创意的应用，“地球人”软件项目将重点推广那些在降低环境影响方面高于行业平均水平的产品及生产工艺，“如果你使用的植物油的碳排放量比大多数公司要低，我们就会让所有潜在客户都了解到你的这一特色。”

消费者也能从中受益。“在‘地球人’软件中，消费者可以查询到哪种产品更环保，从而改变购买决定，并计算出自己的这一决定对环保做出了多大贡献。例如，如果某家玻璃厂转而使用可再生能源，它就把自己对全球变暖的影响降低了50%。我们希望能够推广诸如此类的变革。”

政府及组织的采购部门通常希望进行环境友好型购物，并需要了解自己的购物选择为保护环境做出了多大贡献，因此“地球人”软件的这一特点对他们非常有吸引力。而对那些特别关注气候变化和废气排放的消费者来说，“地球人”软件也能帮助他们找到更好的产品，并让他们清楚自己对环保做出了多大贡献。

诺里斯设想：“有了‘地球人’软件，得克萨斯州政府就能告诉供应商‘在你们公司所属的产品类别中，明年我们将购买价值3 000万美元的产品。我们在进行选择时将重点考虑产品的环保因素，会优先考虑在这些方面做得好或者有所改善的公司。”

产品在环保方面的倾向性可以通过很多具体数据显示出来，比如根据生命周期评估，某商品对环境的整体影响变小了；用水量减少了；碳排放量比行业平均水平降低了 20%；排放的颗粒物减少了。

政府或组织的采购人员可以随时关注生产商在商品对环境影响最大的方面所做出的努力。对需要大量肥料的蔬菜而言，种植过程中使用的化肥含有氮或磷，这些化学物质在灌溉过程中会排入河道，消耗氧气，使得水生生物无法呼吸，从而引起水的富营养化，因此采购人员可以重点关注蔬菜所用肥料引起的水系统富营养化问题。如果政府或组织在采购政策中加入这一条款，不仅有利于当地出产的农作物的销售，还能起到保护当地河流和湖泊的作用。

诺里斯估计，“如果得克萨斯州政府这样的大采购商告诉它位于全球各地的供应商，‘我们对这些产品进行了很多研究，除了价格之外，我们还非常关注产品的以下方面’，这将促使供应商对产品的生产方式做出很大改变”。在采购中，人们不再仅仅关注价格和质量，还关注哪种产品对环境的危害最小。

这种情况已经不再仅仅是假设，不久前类似的情况已成为现实。诺里斯告诉我，有一家重型设备生产商收到客户提问，问他们公司所生产的推土机中使用的金属究竟有多少是回收利用的，该公司因为在 24 小时内回答了这个问题而赢得了某国政府的一份大订单。“在全球竞争环境中，”诺里斯补充说，“环保因素已经变得非常重要。如果你的客户是政府部门，那你更需要掌握产品环保方面的信息。”

政府部门已经开始把环保因素纳入采购标准，这就加大了他们的“信息要求”对市场的有利影响。政府习惯用“信息要求”这一标准吸引有竞争力的供应商。在美国，各州负责采购的部门已经开始相互联系，希望结合各州标准，将采购标准统一化，从而使各州政府拥有更大的市场影响力。诺里斯说，各州的采购部门已经开始进行合作，让各州政府供应商相互竞争。例如，加利福尼亚州某公司生产的地毯中使用了多少可回收原料，排放了多少二氧化碳，也要看是否能够满足得克萨斯州政府的要求。

各公共事业单位，比如大学、医院等也已经开始将环保因素纳入自己的采购标准，而且这一发展趋势仍在不断加强。对那些关注产品道德因素的采购商而言，他们面临的最大问题是如何得到相关数据，以引导自身的采购。

迈克·哈迪曼负责威斯康星大学的采购工作，他抱怨说：“我们负责采购的所有人都很头痛，不知道怎样才能深入了解供应链上的信息，我们希望找到一种聪明的方法。你也许会说你很关注工人工资，但是当你真正购买一件商品，比如购买一台复印机时，你所面对的是一个极为复杂的供应链，这个复印机的各个零部件是由不同地方的工厂分别生产的。你怎样才能追踪到你想要的信息呢？”

诺里斯希望将来“地球人”软件能够为这样的购物者提供他们所需要的信息，让他们能够“展示自己为这个世界做了多少贡献，例如，表明自己的购物选择减少了多少某种类型的污染”。

“例如，如果得克萨斯州认为某个生产商做得不够好，要求他们改善公司在环境保护方面的表现，因为他们的产品所使用的材料中含有多种毒素。作为回应，这家生产商就可以使用‘地球人’软件，他们会发现根据制铝行业的数据，他们使用的铝存在很大问题，在生产过程中会排放二噁英。

“然后他们就需要寻找一个在环保方面表现较好的铝供应商，或者使用较多回收铝的供应商。下一步，工程师在设计某种产品时，或者采购商在经销点购买产品时，就可以对主管某种铝制品环保事务的经理说：请登录‘地球人’看看，计算一下这种产品排放了多少有毒物质。如果这种产品排放的有毒物质少于该类产品的平均水平，那么工程师就可以告诉得克萨斯州政府，现在他们的产品已经满足该州的采购标准了。

“如果那位主管环保事务的经理发现这种产品排放的有毒物

质高于平均水平，但是他又不想丢掉这笔生意，那么我们就会记录下这些产品目前的有毒物质排放量，他们可以在这个基础上改进。一旦他们找到减少有毒物质排放的方法，他们就可以在网站上标明产品改进后的排放水平，告诉消费者他们已经减少了有毒物质排放量。”

“没有哪个公司不想取得进步，”诺里斯说，“每个人都可以做得更好，我们也需要他们做得更好。我们这样做的目的不是让少数环保型公司赚钱，而是促使所有公司在环保方面取得进步。”

“大型采购部门和零售商可以向供应商施压，对产品提出更高的环保要求，这些供应商又会向他们的供应商施压。无论是谁，只要他能改进产品的生命周期评估结果，‘地球人’软件都会注明他所取得的进步，因此所有想让产品更环保的设计人员、工程师、药剂师都能在‘地球人’上找到帮助他们达到目标的新方法，成为具有生态商的实业家。”

“好导购”系统致力于为各公司提供服务，分析市场，为公司的战略决策提供帮助。“我们会分析几十亿个购买决定，从而判断对消费者而言，哪些因素是最重要的。”达拉告诉我，“消费者关心碳排放吗？关心有毒化学物质吗？如果产品中含有邻苯二甲酸盐，消费者也许就会放弃购买这种产品。我们会统计消费者购买倾向方面的数据，并向各公司公开我们的分析结果，这样他们就能据此对产品做出调整。同时，我们希望生产商能做出反馈，向我们提供数据，以促进这一良性循环。”

如果将来“地球人”软件和“好导购”系统都能发挥作用，搜集到消费者个人、政府或组织采购人员、网上购物者的所有购买决定，那么将形成强大的市场压力，促使生产商寻求更环保的生产方式。“‘好导购’系统并非笼统地告诉人们一次性地改变生产方式，而是逐步进行一些细微的改进，”达拉说，“这让公司能够逐渐进步。而‘地球人’软件的作用则是提供信息，刺激生产商不断在环保方面有所改进。如果某个公司采取了更环保的措施，就会迫使其他公司采取类似措施去赶超它。比如，天伯伦公司把自己所生产鞋子的碳排放量公开之后，其他公司就会感受到压力，也公开产品的碳排放量。这种竞争的压力能够真正刺激公司不断改进，使产品越来越环保。”

但达拉也补充道：“我们还没有实现这一目标。我们现在还无法知道谁在漂绿，谁又真的在环保上做出了改进，成功地让供应商减少了产品有毒物质含量、降低了对环境的危害、改善了工人的工作环境。现在也没有相应的市场反馈去激励在环保方面表现较好的公司。目前我们掌握的信息还非常有限，根据这些信息做出的决定也好不到哪里去。因此，我们必须向消费者提供真实的数据，形成一个良性循环，让所有在环保方面表现好的公司都能提高销售业绩。”

这种良性循环是有可能实现的，假如某一品牌的目标是要做得比行业平均水平好，它就会以平均水平为参照，不断改进。随着以前表现较差的公司赶上了行业平均水平，而以前处于平均水平的公司表现更好，行业标准就会相应提高。正如一位跨国公司高管告诉我的那样：“如果我们把自己的所有信息都公开，其他人就会根据我们的标准进行生产，这就提高了所有公司，包括我们自己在内的行为标准，一旦某个公司做出了改进，其他人就必须跟上。”

正如达拉所说的那样：“只要公司开始关注这个网站，他们就会不断向消费者公开更多、更好的信息。随着消费者要求的不断提高，就会促使各公司不断做出改进。”

但是，各大公司会注意到这个网站吗？以沃尔玛公司CEO李·斯科特指定的首位负责可持续发展的副总裁安迪·鲁宾（Andy Ruben）为例，在我们谈话的时候，鲁宾刚刚辞去可持续发展副总裁一职，转而负责指导和制定沃尔玛私人品牌采购战略。鲁宾觉得在现在的职位上他能更直接地影响公司运营。“我们公司的CEO认为，可持续性是沃尔玛商业战略中最重要的因素。”鲁宾对我说，“最初沃尔玛公司并没有积极关注可持续发展，但是现在这已经是公司重点考虑的问题了。”

当我问鲁宾如何看待“地球人”和“好导购”所采取的促进生态透明的措施时，他回答说：“他们的评估标准是什么？如果他们能做出公正的评估，我们也许会使用他们的标准来进行采购，因为政府和组织的采购部门会以他们提供的标准为参照来筛选商品。”

鲁宾认为，我们不能仅仅停留在“生态思维”这一层面，而应该想得更多更远。他告诉我：“包装盒50%的原料使用回收废弃物的确是件好事，但我们不希望只是看到别人把生态标签贴在包装盒上，我们想看到的是有人能重新发明一个什么东西，将包装使用的材料最少化，或者完全不用包装。把废旧物品重新加工一遍，然后在上面贴上环保标识有意义吗？我们想要的是不断创新，不仅要做到环保，还要用聪明的方法做到环保。”

“对我而言，每一次发现产品对环境的负面影响都等于发现了一些我们不希望看到的结果，”鲁宾说，“人们的一次决定会引发上千种结果，但是在所有我们不希望出现的结果中，我们可能只能看到其中的10种。而最具竞争力的公司能够发现那些别人没有注意到的产品对环境的负面影响，然后做出改进。简而言之，他们因为能从更广的视角审视自己公司的产品而变得更具竞争力。”

“我们认为沃尔玛公司是一家代表顾客进行采购的公司，”鲁宾说，“公司有2亿顾客，6万个供应商。我们的目标是为顾客购买更好的商品。所以，我们认为沃尔玛的作用之一是创造需求，这样供应商就会努力找到所有人都需要的替代品。由此促使生产商更快做出改变，并带动供应链上的商家都采取更环保的生产方式。”

沃尔玛公司采取行动的一个领域是产品包装。大家都有这样的经历，打开一盒麦片，发现里面大部分都是空气。鲁宾对我说，麦片包装的速度决定了包装盒里空气的多少。“谷物产品的包装盒尺寸远远超过了我们的需要，并且就这样被运送到世界各地。如果我们能找到一种新的方法，改变包装方式，既保持包装速度不变，又能节约包装空间，我们就可以用较小的盒子进行包装了。现在我们已经知道问题所在，市场也需要我们解决这个问题，创新就应该应运而生了。

“沃尔玛公司最近采用了一个包装计分卡机制，用来评估产品包装的有效性。我曾参加过一次包装商大会，会上有人说他们公司能够把自己生产的包装在沃尔玛公司的得分从4分提高到8分，这是一个很大的进步。包装市场是一个非常具有创新性的市场，那些实行大规模创新的公司在市场中站稳脚跟之后，所有人都能从中获益。”

沃尔玛公司现在已经开始评估公司采购的七大类产品的能源使用情况，并且最终将根据这些评估结果选择DVD（数字多功能光盘）[2]、真空吸尘器、牙膏、汽水等各种商品的供应商。据沃尔玛营销总监约翰·弗莱明（John Fleming）所说，沃尔玛公司的最终目标是“不再出售使用不可再生能源生产的商品”。

如果你的公司有沃尔玛公司那样的市场地位，那当然好。但某些领域内实力较小的零售商发现，他们可以通过联合其他零售商来增强自己对供应商的影响力，这比单打独斗效果好得多。

“我们认为可持续发展是一个集体项目，既需要供应链上所有公司自上而下的努力，也需要同类商家之间的合作，”美国最大户外用品零售商REI的企业责任主管凯文·哈根（Kevin Hagen）告诉我，“我们公司就一直在和有机棉交易协会合作。”

在供应链上游，很少会有品牌直接和供应商联系（上游供应商可能是供应商的供应商的供应商），因而品牌对这些供应商的影响非常小。这就是有机棉交易协会创立的原因。哈根说：“有机棉交易协会打破了公司供应链上的僵局。过去，染料厂对供应商毫无影响力，染料厂引进的各种货源之间没有什么不同，可以互相替代。即便他们引进一些有机棉，也没有人知道这些有机棉最后生产出来的成品是什么。有机棉交易协会的成立改变了这种状况，帮助这一行业发展了‘监管链’追踪机制。现在我们不仅知道染料厂引进了有机原料，还知道这些原料最后的成品是什么。”

哈根补充道：“这主要是工业设计方面的问题。产品生产过程中的很多环节都存在问题，例如染色、防水等，一桶化学物质混合物就能解决所有问题。作为独立的品牌，我们几乎没有任何能力改变这种局面，但是作为一个公司联合体，我们和其他公司可以共同发挥影响力。我们可以表达意愿，要求供应商提供产品说明书，并要求他们对我们的要求做出回应。我们希望看到供应链上涌现出大量创新和发展。”

户外用品产业协会的成员包括耐克、巴塔哥尼亚、天伯伦等品牌，当然还有REI。这一协会是户外用品行业内督促供应商采用环保生产方式的主要组织。哈根说：“户外用品产业协会的生态指数小组包括 100 多个户外用品品牌，这些品牌共同合作，制定环保方面的详细说明，促使供应商进行创新，以获得我们希望看到的结果，反过来我们也会让他们获得相应的收益。”

“如果创新产品有市场，供应商一定会进行创新。但是首先他们必须知道哪些结果是重要的，以及这些结果会对他们的竞争力产生怎样的影响。通常情况下，正确的变革会降低成本，提高产品竞争力。有人说环保必然意味着增加成本，我们不同意这种说法。”

以前供应商进行的创新都是自发的，针对某一特定目的而进行。哈根补充说：“但是现在我们有统一的标准。户外用品产业协会生态指数小组希望通过类似生命周期评估的分析方法，对供应商的能源使用、化学物质使用以及废弃物排放等方面进行打分，从而评估供应商的生态表现。我们会向供应商提供建议，告诉他们怎样提高得分，比如不使用有毒化学物质、减少废弃物排放等。我们正在为我们设计的每一种产品制定最低标准——在环保标准方面，户外用品行业可以形成统一的立场。我们之所以这样做，并不是因为顾客逼迫我们如此，而是因为我们认为让人们到户外运动和我们公司的运作方式之间有着密切的联系。”

生命周期评估既包括供应商对环境的不利影响，也包括有利影响。请记住格雷戈里·诺里斯对荷兰国家电网的分析，他发现荷兰国家电网有10%的供应商位于极度贫困国家，这些供应商的经济活动虽然不多，却使当地居民受益极大，与当地居民的获益相比，荷兰国家电网在当地的污染对人们身体造成的损害就算不了什么了。[3] 诺里斯通过世界银行的数据说明，一个地区人们的平均预期寿命越短，因获得工作而对健康水平的提升就越明显，特别是当经济活动的增加能带来社会服务行业，比如教育、医疗卫生事业的发展时更是如此。如果增加的现金流最终都流进了少数人或者外国人的腰包，当地居民的受益程度当然就会大大降低。

加大积极社会影响的方法之一是通过公平贸易认证，保证发展中国家的工人得到合理的工资，拥有安全及卫生的工作环境。“有些消费者，或者说一小部分消费者愿意多付钱，买公平贸易咖啡，”鲁宾说，“但是大多数消费者不会，或者没有能力多付钱购买公平贸易认证产品，所以这一方法的效果有限。”

“在和蒙迪亚咖啡及公平贸易组织的总裁保罗·赖斯（Paul Rice）合作的过程中，我们学会了从更加广泛的公平贸易的角度重新审视咖啡供应链。通过和巴西的种植者建立起长期联系，我们发现可以通过重新布局咖啡烘焙点、集中组装、集中生产点等方式来提高效率。最终，我们能够提供高质量、有公平贸易认证标签，而且每磅价格不超过 6 美元的咖啡。和那些只是简单地找到公平贸易咖啡然后出售的公司相比，我们的咖啡价格还不到他们的一半。

“这一行动最大的好处是我们这种咖啡取代了几种传统的咖啡品牌，而且取代的原因不是消费者要求购买公平贸易咖啡，而是因为我们的咖啡价廉物美。消费者和咖啡种植者都能从中获得很大的收益。”

鲁宾希望这种双赢的局面能够持续下去，“我们需要有系统的观点，观察目前的情况，找出我们还能在哪些方面做得更好”。沃尔玛曾要求货车司机不要让柴油发动机空转，并为货车安装了小型发电机，专门为驾驶室提供动力。这一举动每年为沃尔玛节省 2 500 万美元的开支。对此，鲁宾评论说：“这就直接涉及公司的利益了。因为运输和零售都是小生意，所以沃尔玛的这一举动创造出了成千上万个环保主义者。其他人要么和沃尔玛竞争，要么坐失竞争力。”

但是鲁宾认为沃尔玛最大的影响力不在于寻求这些解决方案，而是应该为环保产品创造一个充满活力的市场，从而刺激供应商行动起来。他告诉我：“我们的目的是在不透明的供应链上形成一个市场，公开信息，促使供应商改进生产方式。我们要做的不是给每一件商品标上生命周期评估结果，而是拥有战略性、系统性的眼光，看到产品对环境造成的危害，采取措施加以改进，并从这些措施中获益，所有这一切都是一个消费者驱动型的经济体系所必需的。商界人士必须为消费者创造价值，这样才能长期生存下去。正因为如此，系统观点及其引发的创新活动才会如此令人兴奋和激动。这是一个很有竞争力的商业战略。”

另一个重要特征则是共同学习、知识共享。鲁宾说：“我们想和一些供应商长期合作，所以我们应该和他们形成一种真实的、分享性的战略关系。我们要改变，但是我们必须找到一种方法，一起改变。”

鲁宾认为生命周期评估指出了需要改进的地方，也提供了一些解决方案，“这是必需的，但还远远不够。重要的是下一步——创新”。

鲁宾对供应链上的创新持乐观态度。“对公司而言，这是未来 50 年内最大的战略机遇，”鲁宾预言，“这是商界最激动人心的时刻，我们拥有前所未有的变革机会。”

未来 50 年

从理论上讲，我们有数百万种方法可以降低碳排放水平。以玻璃为例，在生产玻璃时，要想把石英砂熔化，所有生产商——从玻璃容器生产商、汽车车窗生产商到合成产品（比如光纤）生产商都需要使用大型锅炉。这种锅炉的使用寿命必须在10年以上，并且要耐得住1 000摄氏度以上的高温。然而，自从19世纪50年代锅炉发明以来，工业玻璃生产商使用的一直是那种设计极为简单的锅炉，100多年来几乎没有什么变化。

当然，也不是一点变化都没有，例如使用了纯氧，从而把能源利用率提高了一点。随着能源价格飙升，尝试新方法的人越来越多，其中有一项锅炉设计方面的变革极具创新性，即把炉子翻转过来，从而提高了热传递效率，原来需要24个小时才能熔化石英砂，改进后只需要三个小时。这一变革可以节省大量能源，但是炉子翻转之后玻璃产量小而且易碎。另一种创新是以微波炉代替传统的天然气，但是这一创新技术生产出来的玻璃产量太小，无法满足工业生产的产量要求。正如这一技术的发明者伊恩·凯姆斯利（Ian Kemsley）所说："我们生产玻璃的方法和古罗马人基本一样，在生产过程中浪费了很多原料。只有通过创新，我们才能极大地节约材料，利润也会有很大的增长空间。"[4]

在玻璃生产中，生态商的表现形式是重新思考我们祖先留下来的遗产，我们的祖先在发明玻璃生产这一工艺时并没有考虑它对生态环境的影响。改进传统生产工艺这一问题代表着21世纪商业所面临的最大挑战：我们必须重新发明所有的东西，从最基础的工业化学仪器、生产过程到整个产品供应链和产品生命周期都需要我们重新开发与设计。

我们现在面临着多年前先人们所做决定的代价：先人们决定了使用什么样的动力、生产方式、能源、化合物等，但是他们做这些决定的时候并没有考虑到这些决定会给我们生存的地球和我们的身体带来什么样的影响。公正地说，在几个世纪前，先人们对他们所使用的工业化学原料和动力以及使用方式会给环境及人体带来什么样的负面影响还知之甚少，他们所获得的信息比我们今天所了解的要少得多。

一般来说，商业人士考虑最多的是成本和市场，认为做好了这两点就是成功的商业实践。但是，在不久的将来，这种想法必须改变，商人还必须考虑忽视市场生态透明度的风险。此外，对很多管理人员来说，更重要的是他们当中拥有战略性思维的人能从这种生态透明中看到新的商机。

这样看来，进行大规模创新和变革具有无限的可能性。新西兰的研究人员已经绘制出了牛、羊等反刍动物的染色体组图，希望能发现控制消化道的基因，从而研制出减少家畜消化道气体排放的疫苗，因为家畜的消化道气体排放量占了与人类有关的甲烷排放量的28%。同时，英国的植物育种遗传学家正试图通过改进牧草中控制可消化性、含糖量、蛋白质消化酶的基因，[5]来减少甲烷气体的排放。

西班牙国家生物技术研究中心的环境科学家开发出了一种软件，这种软件能够确定某种分子是否可以完全生物降解。例如，它能分析出某种塑料会随着太阳能和水的作用而完全分解，或者上千年也分解不了。这种生物降解性测试为原材料的挑选设定了全新的标准。[6]

巴黎地铁系统的新线路以整体的方式对旧有技术加以利用。采用这一标准技术后，地铁刹车时产生的摩擦力可以用来发电，这些电能则用于地铁启动及加速。巴黎的这套地铁系统不是把每辆地铁列车看成独立的个体，而是把所有地铁列车看成一个整体、一个系统，所有地铁列车都是这个系统的一部分。在最新的地铁14号线上，地铁刹车产生的电能都返还给了地铁动力系统，这样所有地铁都能使用这些电能。这一方法为14号线节省了30%的能源消耗。

系统分析家推荐使用的还有另外一种方式，让人们重新考虑工业系统对自然系统的影响。以计划建在纽约南布朗克斯的一家造纸厂为例。[7]根据设计，这家造纸厂计划使用回收的废纸而不是木材来生产纸浆。“纽约每英亩土地上的纸纤维比亚马孙森林都要多，”该厂建厂计划制订者之一乔纳森·罗斯这样说道，“城市里的那些纸要么回收再利用，要么就只能扔进垃圾箱里。”

造纸厂还需要使用大量的水，因此该造纸厂的厂址选在了靠近污水处理厂的地方，这样就可以用净化后的污水而不是天然水来造纸了。很多年来，纽约的报纸用纸都是每天从缅因州或加拿大用卡车运过来，运量巨大。把这个造纸厂建在纽约市郊之后，就可以避免这样的长途跋涉了。这家造纸厂没有使用木材造纸、没有浪费天然水、没有用柴油车行驶数百英里运货，因此在三个方面都降低了对环境的不利影响。“为什么会有污染呢？”罗斯问道，“污染是不完全消费的标志，有污染就说明有什么东西被浪费了。当我们把建筑物、工厂、汽车、电站等看作孤立的个体时，我们就无法获得系统效能的好处。”

我们还可以通过生命周期评估，逐步把所有产品的环保标准提高为绿色认证，从而获得其他收益。绿色建筑的LEED评估机制即为这一方法的代表。目前为止，只有很少一部分建筑材料及其使用方法进行了绿色认证，LEED主管小组已经和工业生态学家合作，希望把生命周期评估引进绿色建筑标准。

“LEED只是第一步，”加利福尼亚大学伯克利分校绿色设计协会成员之一佩德罗·维埃拉（Pedro Vieira）这样说道，“LEED只触及了表面问题，事实上，你可以给整栋房子做生命周期评估，评估所有建筑材料、用水及耗能，以及整个施工后勤工作。”

例如，生产水泥所用的沙子一般是从河岸边挖掘出来，然后用机器把石头和沙子分开。在此之后，质量最好的沙子就会被送到烧煤的窑里，和其他矿物质混合，然后这些混合物会在 1 450 摄氏度的高温下煅烧。煅烧结束后，形成熟料，然后被磨细成水泥，用货车运到各个建筑工地，与水、化学物质和在一起使用。挖掘、运输、加热等过程的耗能量都非常高，这些过程中排放的温室气体占了全世界温室气体排放总量的 3%。

在一栋建筑物的使用寿命到期之后，一般来说，这栋建筑会有 25%的材料被回收再利用，墙体和大块材料会被打碎、分类，留作他用，一般是用于铺路筑桥。“如果我们把建筑物材料回收利用率提高到 50%，”维埃拉和他的助手阿帕德·荷瓦斯（Arpad Horvath）计算后说，这样在减缓全球变暖方面的功效“相当于让 60 万辆机动车停驶一年”。

类似这样的事例还有很多。到下一个世纪，基础科学、应用科学、环境学、生态学以及商业领域的头条新闻都将是人类在该领域取得的进步。如果我们想让人类活动不再危害地球，我们就必须在整个工业领域不断变革，不断改进。如此一来，商业活动就不会再对地球承载能力构成威胁，相反，还会提高地球承载能力。现在最大的问题在于：我们能做到吗？

第十五章

要么破产，要么使你的产品达到环保标准

对当前的商业现状，所有人都不应盲目乐观。

盟迪纸业是一家出售纸张及包装材料的造纸公司，在南非和伦敦均设有办事处，销售市场遍及全球35个国家。该公司是造纸业内环保方面做得做好的公司之一。20世纪90年代，盟迪纸业成为首批改进漂白技术，生产无氯办公用纸的大型造纸公司之一，并且一直致力于寻找降低生态影响的生产方式。[1]

盟迪公司的管理人员沃尔夫冈·斯坎切尔（Wolfgang Schacherl）告诉我："环保优势一直是我们公司市场定位的一个重要方面，所以我们不断进行研发，投入了大量资金用于创新，以保持我们的这一优势地位。我们发现即使价格高一点，顾客通常还是愿意选择更加环保的产品。但是归根结底，我们做决策时最重要的标准仍然是成本和利润，而不是环保。"

盟迪公司的产品设计师发明了一种单层纸包装袋，可用于包

装肥料等物品，取代了以前使用的双层或三层的包装袋。这种单层包装袋使用的纸张减少了，但其承重力并没有降低，仍然可以承受水泥的重量，可以装货运往世界各地而不会裂开。该公司的另一项发明是一种叫作“空气流”的袋子，这种袋子是在高速填充物品时使用的，它取代了以前以石油相关产品为原料制作的袋子，用纸这种可再生资源代替了石油这一不可再生资源。

盟迪公司采用了很多种方法，包括生命周期评估，以实现环境可持续发展的长期目标。不过该公司并没有对所有产品进行评估。对纸类产品，该公司每年会对造纸厂进行一次更新，评估每吨纸的能耗、用水、废气排放以及废水排放。欧洲很多国家都有相关法律规定，必须对产品生命周期的化学物质环境影响进行评估，其中瑞典和芬兰的市场准入环保标准最高。

然而，正如斯坎切尔告诉我的那样：“采购部门除了考虑环保因素外，还要考虑其他很多因素。当然，最重要的还是成本问题。我们很难以同样的低成本生产出环境友好型产品。”

转折点什么时候才会到来呢？“看看金融市场上对公司的评估标准，我们就会发现财务状况依然是最重要的因素，”斯坎切尔说，“不过现在也出现了一种评估企业环保表现的趋势。现在伦敦证券交易所开始根据可持续指数评估公司。这是新生事物，目前尚不清楚这种评估对市场的影响程度。如果金融分析师能鼓励人们更多地向可持续发展公司投资，情况应该会大为改观。”

不过斯坎切尔还是逐渐看到了一些变化。“10 年前，没有人关心我们是在哪里砍的树，但是现在我们必须证明自己使用的是可持续生产方法，并证明我们遵守了森林管理委员会的规定。如果我们知道公司造纸过程中采用的某种方法违反了相关规定，就会立刻停止使用这种工艺。我们公司的定位是要成为生产高质量环保产品的品牌。”

但是他补充说，他认为就低端纸市场而言，生产商不会考虑环保问题，他们的市场战略很简单，就是让自己的产品成为价格最低的。这一情况也适用于全球范围的商界，发达国家和发展中国家市场的对比可以体现这一点。巴西、印度、俄罗斯、中国等发展中国家的新兴消费市场成长非常迅速，世界经济的增长很大一部分是靠它们驱动的。对这些国家的数十亿消费者而言，价格是决定他们是否购买某种产品的最主要因素。

也许再过几十年，发达国家对环保透明度的市场需求才会扩散到发展中国家，并为大众所接受。未来几十年内，在那些迅速发展的发展中国家里，高质量的环保产品和低价格的非环保产品还将长期共同存在。另一方面，如果沃尔玛等全球零售业巨头利用它们的优势，通过保护生态获利，其成本方程也将发生根本的变化。即使是在发展中国家，可持续发展这一商业战略也可能会使低价的非环保产品所占市场份额大大缩小。如果出现这种情况，环保的力量将会推动世界朝着良性循环的方向发展。

把事情纠正过来

美国密尔沃基市曾发生过一起灾难性饮用水中毒事件。[2] 当时，密尔沃基的饮用水中有毒微生物大量滋生，致使 100 多人死亡。在那次事件发生三年后的 1996 年，美国国会通过了一项立法，要求公开社区饮用水所含的有毒物质。这项法案还要求全美各地用水管理部门定期对供水进行检测，如有污染情况，必须立刻告知当地居民。

细节决定成败。美国国会 1996 年的那项立法中使用了并不精确的分析和非系统性评估方式。因为这两点，这项立法无法确切地评估出饮用水对人体的危害程度。此外，根据这一立法收集的那些不精确的数据被记录在一个复杂无比的表格中，其中充满了晦涩难懂的术语。化学家可能会喜欢那些术语，但是一般人没人知道是什么意思。不仅如此，那些难懂的数据还不是最新数据，而是一年前的数据。

结果又出现了一系列公共卫生灾难。有些城市不断向市民保证，根据净水厂的测试，市民饮用的水是绝对安全的，但他们忽视了一个问题，这些水从净水厂流出来后还要在管道里流过上百英里才能到达居民家中。在这个过程中，可能会有微生物或有毒物质进入水中。大多数城市的水管都含铅，这些铅会渗入水中，威胁孩子的健康。在美国国会通过那条无知法令 10 年之后，环境保护局估计约有 10% 甚至更多的美国人每天饮用的水都受到了污染。

在市场上，无知或无效的行政行为是对提高生态透明度的良好愿望的最大威胁。除此以外，在其他方面也存在着风险——绝对透明本身就可能造成对复杂系统的干扰，从而产生诸多意想不到的甚至是不幸的副作用。在这方面，前人已提出了很多忠告和警示。首先，正如许多人所认为的那样，只有高度重视声誉的高端品牌才会受到影响。低端公司只专注于提供价格最低的商品，他们的品牌通常并不知名，因而也不会受到透明度所带来的市场压力的影响。

另外还有一个问题值得我们关注，对那些想要积极应对市场变化的公司而言，受到误导的良好愿望可能会导致诸如采购困难等重大问题的出现。例如，某种商品所含原料被曝光，而且这一信息通过网络广为传播，于是大量消费者开始拒绝购买含有这种原料的商品。但是，由于尚未找到这种原料的替代品，生产商为了保留这种原料对产品质地的有利影响，仍然会继续使用这种原料。

这种令人左右为难的情况也有可能是其他人造成的，例如，如果供应商不愿意改变习惯做法，那么公司很难对他们施加影响。达拉·奥罗克早年曾进行过供应链研究，他告诉我，很多全球跑鞋品牌的产品生产都依赖某一家台湾公司，而该公司通过一家香港控股公司经营着遍布中国及其他国家的众多工厂。这些制鞋厂会通过很多方法降低成本，用同样的方式为不同的公司生产鞋子是其中一种很重要的方法。这家台湾公司在制鞋业的影响非常大，即使某一个跑鞋品牌想要有所改变，也无法让这家公司根据他们的想法做出改变。达拉说："在这种全球供应链中，单个品牌起不了什么作用。"对那些制鞋厂的做法，生产商即使坚持要求做出改变也不会有什么结果。

有一家出版商曾经告诉我："我们公司在中国印刷书籍，因为中国有价格低廉的使用环保纸的四色印刷机。现在中国有一家公司建立了一个经过森林管理委员会认证的造纸厂。这就意味着，这家工厂的木质纸浆来自再生林，而且这家工厂的用水量也降到了最低程度。就环保而言，这家工厂是中国最好的造纸厂。然而，这家工厂所属公司隶属于另一家更大的中国公司，而那家公司的另外一家分公司因为在印度尼西亚砍伐森林、导致酸雨而臭名昭著。这家分公司的行为被曝光后，森林管理委员会随即以其母公司行为不当为由撤销了对那家环保造纸厂的认证。这就产生了一个重要问题，我要从欧洲进口环保纸到中国吗？可是这种做法不仅浪费能源，而且成本很高。”

“我对自己说，也许我应该使用那家中国造纸厂生产的纸张，因为他们是在尝试着做正确的事。即便它没有森林管理委员会的认证，它还有另外一种环保认证。那家工厂失去了森林管理委员会的认证，我对此感到不满吗？但只有这样才能让他们感到压力，从而做出改进。但是我是否应该继续使用它生产的纸张呢？在中国，那家工厂生产的纸张是我能找到的最好的纸张，而且他们已经在那家造纸厂投资了数百万美元，难道我不应该表示一下我的支持吗？”

于是一个验证全球供应链的难题出现了。正如一位商界人士抱怨的那样：“事情每周都在发生变化，供应商常常会做出一些模棱两可的事。例如，某一周，我们的一个环保供应商不能从他的供应商那里拿到足够的原材料，于是使用了另一个供应商提供的原材料，但是这家供应商的原材料并不环保。这就像我们在家里经常遇到的情况一样：大多数时候我们都会清洗塑料或玻璃容器，然后继续使用。但是有时候我们不想洗了，就会把这些容器和其他的垃圾一起丢了。"

随着三重底线财务报告（除了报告公司常规的财务状况之外，还包括公司在环保和社会责任方面采取的行动）成为公司报告的一项固定内容，各公司都开始请会计师事务所来审查他们的表现。当我向美国四大会计师事务所之一的总裁问及审计三重底线的情况时，他说："这种审计是我们事务所增长最快的业务之一。除此之外，你还能有什么方法知道自己在印度使用了多少水呢？"

在我和这位总裁谈话大约一周之后，我又和达拉·奥罗克进行了一次谈话，达拉曾经有 7 年时间为瑞典政府、世界银行等组织机构工作，负责调查了 100 多个发展中国家工厂工人的工作条件。曾经有几所大学邀请他去做报告，报告的主题是关于那些为这些学校生产校服的工厂的情况。

达拉曾和四大会计师事务所中的一家合作，[3] 共同调查了三个工厂。达拉认为那家事务所的审计报告令人非常担忧。他们在对分别位于中国、韩国和印度尼西亚的三家服装厂进行调查时，达拉也在场。在对其中一家服装厂进行调查时，审计人员只花了45分钟，在工厂里随便走了走，而且在此过程中他完全没有注意到几个伤害工人身体的现象：很多操作热熔染色机的工人只穿着橡胶拖鞋，没有戴手套，也没有任何护眼设备。机器安全防护罩上的链条和齿轮都掉了，还有些工人没戴防护手套，直接手动切割东西。

审计人员对工人进行了调查，询问他们工厂的劳动保护状况，当时经理们也在场，并且他们也知道审计人员所提的问题，他们要确保调查不是在工厂外悄悄进行，并确保工人们的答案符合要求，而不是想说什么就说什么。简而言之，达拉认为审计人员发现的东西并没有什么，相反，他们没发现的东西让达拉感到非常吃惊。审计人员说那家工厂存在一些小问题，但是工厂经理们已经保证会采取改进措施了，因此整体而言"尚可接受"。在达拉看来，那些审计人员虽然接受了很多财务方面的培训，但是他们还不是合格的社会审计员。

对另外一种监督方式，达拉也表示非常怀疑。在这种监督方式下，咨询公司在向某家公司提供服务的同时，还负责调查为这家公司供货的工厂。达拉认为这种监督方式中可能会存在利益冲突。在一个透明的体系中，最可靠的评估应该是由完全中立的第三方进行的。达拉认为公司应该通过更透明的方式对供应商进行监督，并公开他们监督的方式和结果，以待验证。

达拉还建议各个公司或工厂都公开他们的审计结果，以便消费者进行比较。宝洁公司负责可持续发展的主管坚持认为，我们应该明确一些可由第三方审查的关键问题的定义：什么是可持续的产品？什么是可再生能源？什么样的包装才算是简易包装？要回答这些问题，标准化的行业准则和现行做法可以提供极大的帮助。

在寻求供应链生态改进方面，沃尔玛副总裁安迪·鲁宾说："可验证性非常重要。"他以野生海鲜的可得性为例说明了这一问题，根据验证体系显示，捕捞这些海鲜的区域生态状况良好，不存在物种灭绝情况。与此类似，沃尔玛公司采购公平贸易咖啡的优势也在于这些咖啡具有可验证性，因为这些咖啡是直接从种植者那里购进的，中间没有经过任何人转手，而一旦有中间商介入，他们就有可能让我们无法追溯到咖啡的源头，更不要说查到这些咖啡是不是有机种植的了。

不久前，有两个来自上海的朋友来看我，其中一个是房地产开发公司的高管，另外一个是中国几家公司CEO的领导力培训讲师。他们告诉我，在中国商界，大家现在讨论最多的是沃尔玛公司对中国供应商所做的事情。虽然沃尔玛公司是世界上最大的零售商，但是它并没有自己的工厂，它出售的所有东西，从玩具到电视机，都是从全球数千家工厂采购的。沃尔玛公司已经开始采取一些措施，[4]以保证进行有道德的采购。例如他们会派出人员到各地，对为其供货的工厂进行检查。2006年，沃尔玛公司派人到全球8 900家工厂进行了检查，并且这些检查中有26%是没有提前通知的。

沃尔玛公司有200名左右负责进行此项检查的员工，他们会对各工厂的作业条件、安全状况、环保状况等进行评估。沃尔玛公司会警告那些存在诸如不向员工支付加班费等问题的工厂，并提出改进意见。沃尔玛公司认为这是一个教育工厂经理、改善工人工作环境的机会。但是对那些不断犯下诸如体罚员工、使用童工等错误的工厂，沃尔玛公司会永久性地停止从它们那里进货。在2006年的检查中，大约有26家工厂被发现有此类问题，沃尔玛公司因此停止了从它们那里进货，另外还有很多工厂收到了沃尔玛公司的警告和改进建议。

对一些发展中国家的企业进行审查是一件非常困难的事情，因为那些企业可能会暗中进行生产；或者刚关闭不久就以另外一个名字重新开业，而做的事情和以前完全一样；或者审计人员只看到他们的示范性工厂，并被告知产品都是在这家工厂里生产的，而实际上产品全都是在“地下工厂”里生产的。[5]

不过很多公司都在采取措施，以确保产品的环保标准。2007年1月，全球最大的4家零售商——美国的沃尔玛、英国的特易购、法国的家乐福和德国的麦德龙联合启动了全球企业社会责任计划，为那些向它们供货的工厂制定了统一的工人工作环境标准。这也意味着世界上主要的零售商将采用统一标准衡量工人待遇，包括他们的健康状况和安全状况。这一计划禁止工厂使用童工、苦役，禁止对工人实施性别歧视和种族歧视，要求工厂向工人提供公平待遇和工资。[6]这4家零售业巨头希望通过对工厂进行独立监察，来推行它们制定的标准。

来自工厂的自下而上的报告可能会使这种社会监督更加可信。正如一家跨国零售商的高管对我说的那样：“如果我们的目标是关注生产产品的工人的健康状况，那么我们会遇到供应链上缺乏透明度的问题。我们需要有人在工厂里用相机、手机等设备记录下信息，告诉我们现场的真实情况。我们需要更多具有生态意识的人去监督那些工厂。只有这样，我们才能掌握以前从未掌握的数据。我们要让供应链上的人向我们报告情况。如果我能这样做的话，我会建立一个奖励机制，以提高供应链透明度。问题在于，对某些供应商而言，造假赚的钱可能比改进产品赚的钱要多得多。”

格雷戈里·诺里斯说，缅因州有一项立法，规定州、市级政府部门采购服装，比如警察制服时必须确定这些服装的生产过程中没有涉及血汗工厂。“但是没有人能证明这一点，”诺里斯说，“全球服装生产的事实摆在眼前，如果要求整个供应链中都不涉及血汗工厂，那你可能根本买不到衣服。血汗工厂的这一事实说明你得到的任何数据都是不可靠的。”

“很多人都在努力，试图改变这种状况，”诺里斯说，“像盖璞和耐克等公司已经开始检查自己的供应链了。”盖璞公司看到媒体关于其血汗工厂的报道后，组建了一套模范工厂审计体系，并在其官方网站上公布审计结果。

诺里斯评论说，零售商“一开始都说会审查所有供应商，但是自上而下的审查难以揭示事实真相，而且也不太可能带来真正的变化。如果盖璞公司停止使用某家供应商的产品，这家供应商马上又会找到其他客户，那些工人的工作条件仍然得不到任何改善。因此，盖璞公司正在采取一些长期政策来处理与供应商的关系，而不是简单地对他们进行审查。这样就能帮助供应商进行改进，同时盖璞公司也能实现他们希望达到的工人安全水平”。

有一家跨国公司曾经向诺里斯咨询过，该公司正在对其亚洲供应商的生态保护状况进行评估。他们发现在设备方面可以进行一些改进，以减少废气排放，而且当地工厂也有充足的资金购买他们所需要的设备。但是限制性因素在于工厂经理几乎完全不知道什么是替代能源，他们需要向那些经理们展示如何测算他们的二氧化碳排放量，如何改进机器设备，以降低排放量。越来越多希望改进供应商环保状况的公司开始意识到，它们应该和主要供应商保持长期关系，帮助他们改进设备和技术，从而实现环保目标。

但是生命周期评估也有其局限性。首先，生命周期评估信息覆盖面不全，并且提供的信息通常是上游零部件的行业平均水平，缺乏最终消费品的数据。例如，现在可能有针对一个玻璃罐的生命周期评估，但没有针对一罐意大利面酱的生命周期评估。生命周期评估提供的数据大多只是对工业工程师有用，例如塑料树脂、金属及各种等级的某种生产原料的数据。生命周期评估的另一个不足之处则反映了它的优点：这一评估体系是建立在实证基础上的，因此评估标准也在不断改进，这使生命周期评估体系处于不断进步之中。一旦某个工业生态学家添加了某种产品的生命周期评估数据，这个数据库就得到了加强。

生命周期评估的另一个缺点在于传统的基本商业模式，最典型的是行业发展咨询专用软件是要收费的。公司如果想使用这些数据或软件，必须付费。某个顾问对一家公司进行研究之后，他的研究数据会进入他自己的数据库，而被研究的公司需要付费才能使用那些数据。例如，公司需要付费才能知道自己生产出一只桃子的碳排放量。

诺里斯正在和同事们一起研究，希望建立一个和上述商业模式相反的模式。在这种新模式下，每一家公司都把自己的运营数据录入一个公共数据信息库中。各公司都可以免费看到其他公司提供的数据。这就好比每一家公司都贡献出一小块食物，然后大家聚在一起，共享筵席。这一模式的最终目标是创立一个供所有公司使用的公共生命周期评估信息中心。

这样一个公共信息中心可以帮助各行业的公司应对市场压力，不断做出改进。就像威斯康星大学的迈克·哈迪曼对我说的那样："我们这些在大学工作的人希望能起到带头作用，使我们这个世界变得更加美好，这是我们的使命。"但是即使是像哈迪曼这样的人也对完成这一使命的前景感到沮丧，因为现在缺乏统一的标准，他们无法知道自己究竟做得怎么样。哈迪曼相信，如果能有一个可靠的认证体系，情况将得到极大的改观。

国际标准化组织会为品质控制严格的制造业公司提供认证，这样可以帮助生产商找到高品质的供应商，但是国际标准化组织并不提供社会良知方面的认证。如果它也有这方面的认证，那么消费者的购买选择就能有所参照了。在全球商业环境中，这种认证也能让消费者知道，自己究竟是从谁那里购买了东西。

最后一点，实现绝对透明并不断改进就足够了吗？国际工业生态学会执行理事约翰·艾伦费尔德（John Ehrenfeld）对持续改进的充分性表示怀疑，他的质疑非常令人吃惊。艾伦费尔德是这一领域的创始人，他担心在地球面临的大规模挑战面前，这些改进可能速度太慢、规模太小了。[7]

艾伦费尔德指出，如果我们只是减少不环保的生产方式，并不能改变导致生态问题的根本原因。[8]在减少汽车对环境的影响方面，将提高燃料效能作为主要的应对战略就是一个典型的不完善的解决方法——尽管在过去几年中，汽车每公里耗油量有所下降，但是行驶里程大幅增长，提高燃料效能对环境所起到的一点改善作用很快就被抵消了。艾伦费尔德说：“提高燃料效能这种方法只是转移了人们的负担，让大家不用费心开发更好的交通工具。就这方面而言，这种方法毫无远见。”

艾伦费尔德在退休之前是麻省理工学院技术、商业及环境项目的主任。他说，从全球的角度看，我们朝着更高的可持续性目标迈进的速度必须超过工业总产出的增长速度，这样才能保证我们的改进措施会对生态保护起到作用。在研究企业和政府生态保护效率的数据后，艾伦费尔德总结说，他们取得的进步太小了，无法抵消我们面临的巨大威胁的增长幅度。他号召工业界采取更大规模的措施，不断创新，为生态保护提供更多的选择。他说，除了在现有技术中发现更好的选择之外，我们还应该进行产品创新，以“极大地减少全球人口使用的产品数量”。

如果工业生态学也有发言人的话，肯定非艾伦费尔德莫属。艾伦费尔德让人们从更广的角度审视生命周期评估的细节。他通过一个极端的前提对生命周期评估提出了质疑：全球工业系统已经崩溃；对环境而言，人类最好不要存在；减少不可持续发展固然重要，但无法提高环境的可持续性。地球需要重新调整，才能恢复健康状态，我们的目标不应该仅局限于减少对环境的破坏，而应该寻求真正的可持续发展，提高人类和地球生态系统的健康状况、生命力和适应力，从而实现共同繁荣。

“当然，我们也需要运用每一种能够提高生态效能的方法，实施每一种能减少不可持续发展的方案，”艾伦费尔德很早以前就这样说过，“我们需要任何一件做出了改进的产品，需要任何一种有利于生态保护的行动。”但是，他补充说：“如果我们想要实现真正的可持续发展，我们要做的不仅这些，我们还需要考虑改进消费者的思维方式。”

第十六章

关注生态与环保：你未来获得成功的砝码

几个世纪前，有一个村庄的村民可以共享一块牧场，然而有些村民滥用这一权利，过度放牧，破坏了大家共有的牧场。这一悲剧的现代版即为“采料–制造–丢弃”的商业模式。[1]这一说法是环保活动家创造的，他们认为自由市场存在一个很大的盲点，即忽视了商业破坏的代价，或者说是商业对自然资源的消耗。[2]

在人类历史上，众多企业一直在消耗或污染空气、水、土地，而不承担相应的后果。结果，企业行为的代价，比如洪涝灾害、呼吸道疾病、土壤中的有毒物质等却要由公众来承担。不管企业对自然资源的滥用表现为何种形式，滥用公共资源这种行为就是不可持续的，并且是不道德、不可接受的。抛开道德评判不谈，企业滥用自然资源还带来了一个现实的问题，那就是这种自然资源破坏的成本应如何计算。

现在有一些新兴的方法论可以对“自然资本”（从大自然中获得的经济收益）进行量化。加拿大北部森林行动就是量化自然资本的一个例子。加拿大北部森林行动由几家环境保护组织和公司，比如森科能源公司（生产天然气）、天柏制浆集团（纸业巨头）等共同发起，它们在加拿大北部广阔的森林中投入了巨资。在当地人的协助下，此次行动对加拿大西北部地区的麦肯奇河谷原始森林的年财政价值进行了一次系统性估算。这片森林占据了加拿大北部的绝大部分面积，是世界上现存最大的未经开发的森林。

麦肯奇河谷原始森林的自然资本——吸收二氧化碳和其他温室气体、鸟类消灭害虫、洁净水源等各种生态服务的总和——大约为 3 780 亿美元。这一数字甚至超过了该地区采矿业的年收入，而工业不可避免地会对环境造成破坏，并且从未为其破坏行为付出过任何代价。对这一地区自然资本的量化为我们提供了一种模式，让我们可以计算出商业活动因削弱这些生态服务对我们共有的地球造成了多少损害，从而为这些破坏活动“纳税”提供了基础。

关于工业生产过程对公共健康的损害也有一种类似的计算方法，[3] 其计算结果可以作为分析工业供应链气体排放量的基础。

结合生命周期评估和流行病学的数据，美国国家环境研究中心的研究人员估计，在美国，由于有毒化学物质排放，某些工业行业每产出价值 100 万美元的产品，就会增加一例癌症患者。

从产品生命周期的角度看，我们通常不知道产品的有害影响在公众中传播的范围如何。如果工厂排放的有毒物质提高了人们患癌症的概率，毒死了当地河流中的鱼，或者某种有毒废弃物（比如水银）被丢进了垃圾填埋场，那么公司就把其产品的隐性成本转嫁给了消费者和当地社区，由消费者和当地社区承担后果，负责拯救环境。

近年来，越来越多的人建议说，这一难题的政策解决方案是向公司征税，让它们为自己的产品生命周期对环境造成的损害付费。这种税收可以采取一种特殊形式，那就是将税收的一部分按比例支付给那些保护环境的组织，例如风电厂。这种税收方式将工业对环境的损害转化成了企业的运营支出，从而迫使企业提高产品价格，以反映产品对环境造成的损害。把企业对环境造成损害的成本转移给企业，这样有利于刺激它们寻找更环保的生产方式，以降低生产成本。

处理环境破坏这一问题的最大困难在于，如何应对巨大的危机，在全球范围内规范商业活动。各国派出的捕鱼船都希望捕捞尽可能多的鱼，这就会导致渔业资源枯竭。由于全球变暖、海平面上升，马尔代夫的存在受到严重威胁，而美国是世界上最大的温室气体排放国。造成损害的国家没有一个为自己的行为付出代价——鱼是任何人都可以捕捞的，马尔代夫人也无力减少美国的温室气体排放。

面对这种两难困境，经济学家约瑟夫·斯蒂格利茨认为，人们不可避免地会将企业利益置于环境保护和公众利益之上。[4]他宁愿选择依靠政府规定，或者像世界贸易组织这样的机构来纠正这些问题。正如一位进行有毒物质基础研究的化学家说的那样："政府的职能是通过制定规章制度刺激人们采取相应行动。这样，新的研究成果才能成为成本结构的一部分。"[5]

我们不能总是等着政府来解决问题。政府也许会承诺各种好处吸引企业转型，但不会关心转型所需要付出的代价。政治家总是等到任期快满的时候才出来解决问题。依赖政府及政策来管理商业活动一向不会取得什么好结果。在治理商业活动方面，政府是出了名的行动缓慢、章程复杂。此外，企业自身的利益也决定了它们会反对政府的管理。政府强制减少二氧化碳排放、禁止使用化学物质；环保活动家聚集在各大公司总部，要求实现生态透明……这样的现象都有可能出现，但都只是扮演着"胡萝卜与大棒”中的“大棒”角色。

相比之下，绝对透明所带来的商机就是“胡萝卜”了。自由市场本身能形成一个替补性或互补性的机制，通过系统地向消费者披露企业破坏环境的行为，让企业停止不环保行为。如果某个企业想要针对自己过去对环境造成的破坏，采取一些补偿性措施（例如森林管理委员会要求其成员公司种植与自己砍伐量相同数量的树木），或者为贫困地区创造就业机会，以提高当地人群的健康水平和受教育水平，都应该采取透明的方式。

在绝对透明的市场环境之下，无论企业是否为自己对环境的破坏纳了“税”，市场都会回报那些采取了补救措施的企业。正如一位经济学家对我说的那样，这种市场调节方式能避免“政府的无能，并且市场可以通过这种方式显示自己的力量，让人们明白市场的重要性——不必等到政府采取行动，市场自己就能解决问题”。

斯蒂格利茨则认为，全球经济的成功有赖于实现市场调节与政府管理的平衡。正如一位世界50强公司的前高管所说：“只有消费者的选择和政府规定能够纠正商业的发展方向。”

斯蒂格利茨指出，信息不充分非常不利于市场的发展。他认为，将经济指标作为衡量市场效率的唯一标准已不再符合时代的要求。他说，在自由市场之下，污染太过严重了，几乎没有人进行环保方面的基础研究。最近斯蒂格利茨开始倡导绿色国民生产净值。绿色国民生产净值是指将财政收入、自然资源消耗量和对环境的破坏程度相结合，取代标准的国内生产总值（衡量一国收入和经济产出的指标），作为衡量经济实力的指数。

与此类似，还有一些将经济与环保相结合的措施也非常有效，例如制定一项包含两种因素的企业盈亏结算标准——生态效能等于经济附加值与生态影响之比。这一标准在衡量经济收益时把企业对生态环境的不利影响计算在内，即对价值链和贬值链进行综合考虑，因而更符合生态商的要求。有些公司已经开始使用这样的标准了。德国巴斯夫集团是一个著名的化工企业，它就通过类似的生态效能计算方法在众多生产方式中进行选择，从而做出战略抉择，获得经济和生态两方面的收益。[6]

当我问一家跨国公司的产品创新部门主任，在未来几年内，生态透明会给商业带来怎样的改变时，他提到人们的思维方式可能发生两种转变。第一种是价值基础的变化，人们会考虑产品对生态环境的影响；第二种是在竞争中重新思考产品生产过程，以保持自己品牌的市场地位。

有些企业已经开始实行三重底线原则，即综合考虑企业环境影响、社会责任和经济效益。企业责任曾经经历过几个历史发展阶段，第一个阶段的代表人物是安德鲁·卡内基，这位工业大亨在聚集了大量财富之后，转变成了一位大慈善家，在美国建了一家卡内基公共图书馆。在第二个阶段，即罗宾汉阶段，企业会对绿色环保产品收取较高费用，然后把利润的一部分用于环保。

在第三个阶段，也就是我们现在正在步入的时期，企业将可持续发展思路融入他们的商业战略中。“这就要求人们重新思考商业、产品和解决方案等问题，这样才能实现环保与经济利益相互促进。”户外运动用品公司REI的企业社会责任部主任凯文·哈根这样说道。他说他们公司一直致力于改进公司的做法，努力从“少做坏事转为多做好事”。

“努力做到环保和努力找到可持续商业解决方案，二者之间有着很大差别，”哈根说，“努力做到环保这种做法的结果并不确定，有可能产生商业影响，也有可能毫无影响。而第二种做法是经过深思熟虑的，有具体的衡量标准，而且能提高企业赢利率。我们要做到的不仅仅是可持续发展或获取高利润，这二者并不冲突，实现一个目标并不意味着不能实现另一个，我们也不是要在二者之间寻求平衡。只有可持续发展与高利润相互促进，即越环保，利润越高的时候，我们才算是真正成功了。”

哈根提到了REI对公司碳排放量进行评估之后做出的一个决定，即停止使用电网提供的常规电力和天然气，转而使用可再生能源。“我们把价格波动确定为一种以前未意识到的经营风险，”哈根说，“因此我们尽可能地使用可再生能源。现在公司使用的能源中有20%是可再生能源，我们这样做不仅是为了减少二氧化碳排放量，也是为了降低成本。这种做法在一定程度上也帮助我们公司规避了油价上涨带来的问题。”

如果企业做决定时只考虑利润，那么生态透明对企业的很多要求看起来都会显得不合情理，或者至少是非常冒险的战略目标。如果生态透明能够明显增强企业的竞争优势，那么企业会更乐意做出相应的改变。对那些已经采取了合乎道德的盈亏结算标准的企业来说，由于更重视对环保、健康和人类的影响，他们更有可能实现符合生态透明要求的变革。

迈克·哈迪曼告诉我，几年前威斯康星州立法机构规定，所有政府部门都必须购买再生环保纸，不论价格高低。“当立法部门提出这一要求的时候，再生环保纸和普通纸价格相差很大，不过现在这两种纸的价格已经基本一样了。如果当初没有人提出这一原则立场，我们可能永远都不会改进工业生产方法和原料。”

各个企业在社会责任问题上的态度不一，有些企业给自己制定了非常高的标准，有些企业付出真诚的努力，也有些企业丝毫不感兴趣，还有些企业只是采取了一些对利益相关者而言听上去不错，实际上无关痛痒的措施。“三重底线只是我们努力的方向，不是硬性规定。”帕万·苏克德夫（Pavan Sukhdev）说。帕万·苏克德夫是位于新德里的印度环保信托公司的会计师和印孚瑟斯及温普尔软件公司的顾问，他说：“目前三重底线的规定还过于松散。在这种情况下，企业想怎么说都行。在财务会计中，我们永远不会容许如此大的灵活性。”

如果企业支持环保、健康的做法，而财务状况又不允许企业这样做，那么社会责任就成了商业道德和股东利益之间斗争的焦点，这将是最糟糕的情形。正如一家全国性服装公司的高管所说的那样，对企业高级管理人员而言，像企业社会责任这样的道德规范只是一些“刺激性事物”，一些他们需要忍受，或者口头应付一下的事情。这位高管说：“如果我到CEO的办公室里对他说，‘看，有证据表明，由于采购环节存在道德方面的问题，顾客开始不再购买我们公司的产品了’，这才有可能引起他的注意。”[7]

出于同情的消费

美国前劳工部长、加利福尼亚大学伯克利分校的公共政策教授罗伯特·赖克（Robert Reich）说："多年来，我一直宣称企业社会责任能帮助企业提高利润。我认为，如果企业尊重环境、尊重员工、尊重社区，那么人们不仅会尊重企业，还会购买企业的产品。"[7]

赖克继续解释了他为什么会改变这种看法，他提到了一些极端的例子，说明社会责任只是企业公关的方式之一，是企业提升自身形象、降低成本、规避政府规定的一种方法，并且补充说："这很正常。企业不是道德动物，它们存在的目的就是为了吸引消费者，替股东赚钱。"

这种观点总结了一场关于商业道德的重要辩论，即经典的"企业责任和追逐利润"困境。关于这一困境的论述有两本最重要的著作，分别是经济学家米尔顿·弗里德曼（Milton Friedman）的《资本主义与自由》（*Capitalism and Freedom*）和哲学家约翰·罗尔斯（John Rawls）的《正义论》（*A Theory of Justice*）。弗里德曼的《资本主义与自由》一书认为利润是企业经营的唯一目的，而罗尔斯的《正义论》则认为社会责任是企业的道德基础。

在企业日常经营决策中，决策者如果把利润作为基本的战略驱动因素，那么其他所有目标都会被放在第二位。正如赖克所说，对履行社会责任、保护环境等目标，只有在它们能帮助企业赢利的时候，例如帮助降低企业能源消耗量从而节约成本的时候，企业才会想到它们。而如果这样做的代价过大，会影响企业赢利时，企业根本不会考虑。

米尔顿·弗里德曼曾经说过："企业的社会责任就是增加利润。"根据弗里德曼所说，如果企业的行为会损害企业利润，那么无论这一行为多么正确，企业都不必去做，而且这样也不会违反企业道德。这就确立了履行企业社会责任与追逐利润之间的对立关系。

对说服企业确立环保型的社会责任，赖克已经感到绝望了，他说，对企业无论是说服还是说教，让它们采取正确的做法是完全行不通的。他寄希望于政府的强制规定，他认为应该首先影响商业利益游说团体，因为这些游说团体阻碍了美国政府的行动。这种方法可能需要几年、几十年，甚至永远不断努力才能见效。

绝对透明市场为这一难题的解决提供了第三种方案：让为善者诸事顺。生态透明改变了企业利润与社会责任之争的基本前提，改变了商业模式，使企业可以同时在市场上实现社会责任和企业利润这两个目标。

将消费者选择的影响力发挥出来，这是一个非常大胆的解决方案。它不再局限于我们过去实施的让企业害怕环境灾难的措施，也不仅仅是鼓励企业进行环保创新或采取更环保的生产方式。如果市场不能回报环保技术使用者，那就不会有企业再使用这些技术。

除了采取鼓励或威吓措施之外，我们还可以通过提高消费者选择的透明度来解决这一问题。这一方案能够让消费者用手中的现金为自己喜欢的产品投票，促使企业采用更加有利于生态的技术、原材料和设计，从而使整个市场转变为生态友好型市场。这种方案会促使企业主动为了利润进行变革，而不是仅仅把社会责任当作口号。

环保活动家谴责导致全球变暖、危害身体健康的行为以及血汗工厂，很多商界人士也认为绿色环保和社会责任感对企业是有利的。但是资本主义最基本的原则让环保活动家和商界人士之间产生了分歧：企业向管理人员支付工资，是要让他们将股东的收益最大化、将企业利润最大化，而不是支持公益事业。企业目标和公共利益之间的矛盾令很多管理人员左右为难，他们既想让股东高兴，又想追求公共利益最大化。绝对透明市场这种解决方案把表面看来南辕北辙的两个目标结合在了一起：企业自身利益和消费者利益与价值最大化。

绝对透明市场这一重大变化改变了资本主义，使公共利益成了资本主义竞争的舞台之一，企业产品销量的提高开始有赖于道德、创新、环保等多重因素。这一变化改变了利润与道德非此即彼的观点，让企业知道它们可以实现利润与道德层面的双赢。作为消费者，无论我们的选择是为当地零售店增加了几美元，还是通过大规模的B2B（企业间）电子商务模式完成了数百万美元的交易，我们都通过自己手中的现金投了一票，刺激企业做出积极的转变。因此，我们每一个人都成为地球命运、人类健康和我们共同命运的主宰者。

在向这种绝对透明市场转变的过程中，总有一天，公共利益将会成为市场运行的根本目标。这为以商业为基础的改进提供了一种机制，在这种机制之下，我们希望看到的变革将是由市场而不是政府强制推动的；在这种机制之下，社会责任将给企业利润带来真正的积极影响。正是由于这个原因，很多企业已经将社会责任称为企业的“第二项盈亏结算”，不过现在这种结算的结果可能还是亏损。绝对透明市场为创新、商业天才和战略规划提供了一个巨大的竞争场所，让他们创造财富，并由此推动人类创造一个更加持久、健康的地球。

对全球化持批评态度的一种观点是全球化在发展中国家创造出了一个处于环境和社会最底层的阶层。那些地方的工厂相互竞争，都希望以最快的速度提供价格最低廉的商品。发达国家出售的大理石饰面砖、手工地毯、手工睡衣等商品常常是在发展中国家生产的。那里的工人经常加班，工资极低，工作环境极为恶劣，对人体健康危害很大，并且很多企业雇用童工。[9]

这些发展中国家的政府反对把劳动条件写入贸易协定。有些经济学家担心，如果跨国公司从不符合标准的国家撤资，那么发展中国家的经济体将受到惩罚。哈佛大学的迈克尔·希斯考克斯教授曾经进行过一项试验，结果表明消费者愿意支付较高价钱购买生产过程符合道德要求的毛巾。在普林斯顿大学举办的全球化大会上，希斯考克斯教授发言说，也许基于市场的解决方案能起到比贸易协定更大的作用[10]。我们可以为劳动条件、环保性达到较高标准的产品颁发认证证书，这一证书将有助于提醒关注这些问题的消费者。希斯考克斯教授的研究发现，很多消费者愿意支付较高价格购买有证书的产品，以鼓励生产这些产品的正确做法。这也许是提高整个供应链环保和健康效率的一个好办法。

试想一下，如果实行这种做法，富裕国家的消费者将给贫困国家工人的劳动条件和生存状况带来多么巨大的改变。全球变暖是另一种巨大的不公——世界上的穷人对全球变暖带来的影响最小，却受害最深。全球变暖主要是由于富裕国家人们的生活和消费习惯造成的，因此从道德上讲，他们应该承担起主要的责任，并做出改变。

发达国家的10亿居民消费的产品数量是最贫困国家居民消费数量的32倍，[11]这不仅意味着发达国家居民消费的石油、木材、鱼等自然资源是贫困国家居民的32倍，还意味着他们制造的废物，比如温室气体、令水生生物无法呼吸的塑料制品以及其他无数在垃圾填埋场腐烂的垃圾也是贫困国家居民的32倍。

这一发现是由社会地理学家贾雷德·戴蒙德（Jared Diamond）提出的。他说，随着中国、印度等国数千万人口达到富裕国家生活水平，现在的富国消费量将难以持续。戴蒙德还说，如果我们能提高消费效能，例如停止使用产生温室气体的燃料，转而使用替代产品，以及发展可持续的林业和渔业等，那么我们还有可能避免由于过度消费导致的地球崩溃。如果市场是透明的，消费者就能清楚地看到自己的购买行为中哪些有助于人类健康、可持续发展和社会公平，哪些会对这些方面造成危害，那么我们将更容易实现提高消费效能的目标。

如果最富裕的消费者了解相关信息，那么他们除了进行可持续消费外，还能做很多事情。他们的购物将成为一个显示同情心的机会，购物决定将影响全球供应链，从而为世界上最贫困的居民带来更好的居住环境、健康状况和工作条件。

柏林、布鲁克林或北京的消费者能够做出知情选择，加速中国电厂从燃煤转为使用其他燃料，减少墨西哥农民吸入的有毒物质，提高越南血汗工厂工人的劳动条件，或者改善非洲矿工的健康状况。反过来，这不仅意味着中国人、墨西哥人、越南人、非洲人能有更好的生活，同时，由于目标国家居民更加富裕，他们也能做出更好的购买选择。在透明的市场上，购物成为一种地缘政治活动。

简而言之，绝对透明使得商品有可能符合公共利益。它使消费者——无论是极为关注产品质量的母亲还是大型机构的采购部门——从无足轻重的购买者变成了举足轻重的决定力量。透明市场从根本上改变了商家和消费者之间的平衡关系，让消费者能用手中的钞票以前所未有的精确度进行投票。

一直以来，自由市场中都缺少消费者的知情选择，而这正是解决企业利润与公共福利之间长久以来一直存在的矛盾的关键。透明市场改变了商业游戏规则。在具有生态商的经济中，企业聘用管理人员的目的将是提高公共利益，从而使股东利益最大化。随着市场力量和公共利益的一致，商业将扮演一个全新的角色，成为一个提高人类整体福利的工具。

这样看来，为了应对我们这个时代所面临的严峻挑战，我们必须提高生态商。伊恩·麦卡勒姆（Ian McCallum）是南非的一位医生，同时也是一位自然主义者。他写过一本关于生态商的书，书中指出，虽然未来地球上的气候似乎一定会发生巨大变化，威胁到人类生存的狭小地区，但是即使人类灭亡了，地球仍将继续长期存在。[12] 为了避免灭亡的命运，我们应该做的不是改变地球，而是改变我们和地球的关系。

麦卡勒姆希望人类能够想一想"治疗"和"修补"地球这两个方案的区别。修补意味着迅速修理，就像权宜之计一样，尽管能起到作用，但是不能从根本上解决问题。修补也许很诱人，但永远无法真正解决问题，需要不断的修修补补。相反，治疗是从根本上解决问题，改变人们的看法。治疗方案关注的是事物间的内在联系，并认为每个人都能为问题的解决贡献力量。"治疗"的意思就是重新塑造一个世界。

"我们必须改变'地球需要治疗'这一说法，"麦卡勒姆说，"需要接受治疗的不是地球，而是我们人类本身。"[13]

致 谢

就“生态商”本身而言，它其实广泛存在于各行各业的大众身上。我们每个人的头脑中都会有它的影子，有些人会了解得更多一些。在我进行调研的过程中，得到了无数朋友的帮助，在此无法一一谢过。

首先感谢本书中提到的曾与我分享真知灼见的所有有识之士。通过与他们的交谈，我收获颇丰，内心极为感激。除去那些我在书中直接提到的人，我还要衷心感谢以下各位朋友：拉里·布莱恩特，是你在第一时间启发了我，让我开始对这一领域的研究；肖沙娜·朱伯夫与詹姆斯·马克斯曼，你们具有开创意义的著作《支持型经济》帮助我了解了消费者“用手中的金钱投票”所能带来的市场影响力；本·谢德是第一个向我展示如何实现条形码信息透明的人；迈克尔·勒纳为我提供了与生态健康有关的重要统计数据；麦拉·卡巴特–津恩和加里·柯恩引导我注意到了日常生活用品中潜在的生态危害；阿特·克莱纳帮助我从经营管理者的角度来看待问题；史蒂夫·图特曼与我分享了他对商业现实情况的独到见解；威廉·麦克唐纳让我开阔了眼界，看到了重新塑造现实世界的可行之路。

我还从以下这些朋友那里获得了许多帮助和建议：杰西卡·布拉克曼、加卡利·贝内特、理查德·博雅兹、马特·布瑞特菲尔德、伊丽莎白·库思雷尔、史蒂夫·丹尼、理查德·戴维森、杰克·戴维斯、达西·雷扎克、罗宾·埃尔森、黛博拉·甘农、戴维·戈林、约瑟夫·戈德斯坦恩、查尔斯·哈尔佩恩、凯特·哈珀、米勒迪·哈普生、拉赛尔·贾菲、琼·卡巴特–津恩、理查德·莱亚德勋爵、汤姆·莱塞、乔治·卢卡斯、哈珀·马歇尔、查尔斯·梅尔彻、丹尼尔·梅尔彻、大卫·梅耶、罗伯特·奥恩斯坦、斯蒂芬·瑞奇斯塔芬、黛安娜·罗斯、杰夫·塞布尔、莎朗·萨兹堡、埃德·斯克鲁特、维克拉姆·索尼、麦琪·斯皮尔伯格、理查德·温伯格及张卫军。这一致谢名单远远不能包括所有曾经帮助过我的人。

乔纳森·布莱克在研究方面一直给予我大力支持；罗文·福斯特在经营商店的同时做了必要的搜集工作。最后，感谢我的妻子塔拉·贝内特·戈尔曼，她一直默默支持着我，永远是我的灵感和智慧的源泉。

注 释

第一章 即将来临的商品革命

1. cheaper toys are more likely: Christopher Beam, “Why Do They Put Lead Paint in Toys?,” www.slate.com. August 15, 2007.

2. various levels of lead: Jeff Karoub, “Groups Release Guide to Toxins in Toys,” Associated Press, December 5, 2007.

3. clueless as most of us: And, for the record, I did not coin the term “ecological intelligence”—it’s been knocking around for years.

4. toll these decisions have: The passage is from the foreword to the paperback edition of my book *Vital Lies, Simple Truths: The Psychology of Self-Deception* (New York: Simon & Schuster, 1986), p. 13.

5. boiled down into evaluations: Industrial ecology for the moment

remains largely an academic discipline that caters to the needs of industry, with its proprietary databases closed to the public eye. But an article in the *Journal of Industrial Ecology* called for the discipline to apply its analyses to weigh the relative impacts of competing products, tag harmful impacts, and make those evaluations public in simplified forms that would helpshoppers making decisions at the point of purchase as well as progressive firms that could use these metrics to upgrade their products. Dara O'Rourke, "Market Movements: Non governmental Organization Strategies to Influence Global Production and Consumption," *Journal of Industrial Ecology* 9, nos. 1–2 (2005): 115–128.

第二章 "绿色环保"只是海市蜃楼吗

1. poses a riddle: Bhadantacariya Buddhaghosa, *The Visuddhimagga, or Path of Purification,* trans. Bhikkhu Nanamoli (Boston: Shambhala Publishers, 2003), chapter 18, paragraph 25.

2. to name but a few: Juan Carlos Alonso et al., "Design for Environment of Electrical and Electronic Automotive Components Based on Life Cycle Assessment," *Gate to EHS,* March 17, 2003, pp. 1–7.

3. belonging to the God Indra: See, for example, Francis Harold Cook, *Hua-Yen Buddhism: The Jewel Net of Indra* (University Park, PA: Penn State Press, 1977). Indra, a Vedic deity, is the archetypic lord of lords;

as the god of war and storms he bears some resemblance to the Teutonic god Thor.

4. repeating and reinventing itself: The Ouroboros has also been seen as symbolizing creation out of destruction, primordial unity, and the dual nature of all things, among many other interpretations.

5. refusing plastic bags in stores: "Anya Hindmarch Talks about Bag Craze on Eve of New York Launch," www.ecorazzi.com, July 17, 2007.

6. Eager buyers lined up: Lisa McLaughlin, "Paper, Plastic, or Prada?," *Time,* August 13, 2007, p. 49.

7. merits of paper versus plastic: Martin B. Hocking, "Paper versus Polystyrene: A Complex Choice," *Science* 251 (1999): 504–505.

8. forgoing pesticides in cotton: John C. Ryan and Alan Thein Durning, *Stuff: The Secret Lives of Everyday Things* (Seattle, WA: Northwest Environment Watch, 1997).

9. foods marketed as healthy choices: Andrew Martin, "Store Chain's Test Concludes That Nutrition Sells," the *New York Times,* September 6, 2007, C3.

10. plucked from the aisles: TerraChoice Environmental Marketing, "The Six Sins of Greenwashing" (2007), www.terrachoice.com/Home.

第三章 令人震惊的环保真相

1. 20 percent less snow: Christoph Marty, "Regime Shift of Snow

Days in Switzerland," *Geophysical Research Letters* 35 (2008): L12501.

2. 10 percent of coral reefs: Roberto Danovaro et al., "Sunscreens Cause Coral Bleaching by Promoting Viral Infections," *Environmental Health Perspectives* 116 (2008): 441–447.

3. Harvard psychologist Dan Gilbert: Lecture at PopTech Conference, Camden, Maine, October 2007.

4. molecules nature can absorb: William McDonough and Michael Braungart, *Cradle to Cradle* (New York: North Point Press, 2002).

5. "development" can hide the extinguishing: Vikram Soni and Sanjay Parikh, "Justice for Nature," unpublished manuscript, 2008.

第四章　生态商：我们再也不能忽视了

1. "ecological intelligence": My exploration of ecological intelligence goes down very different paths from those taken by Ian McCallum, whose book *Ecological Intelligence: Rediscovering Ourselves in the Environment* (Golden, CO: Fulcrum Publishing, 2009) offers the eloquent insights of a physician, Jungian analyst, and poet. I had begun writing about ecological intelligence before I came upon his gem of a book.

2. uniquely human ability: Gardner has flirted with this talent, speculatively adding to his initial list of seven what he calls "naturalist" intelligence, for those who have extensive knowledge of the living

world. People gifted in this realm can make critical distinctions and detect the hidden patterns and order in nature, as Linneaus did. Howard Gardner, *Intelligence Reframed* (New York: Basic Books, 1996).

3. all-encompassing sensibility: Ecological intelligence as I describe it here does not meet the formal requirements of an “intelligence” as studied by psychometricians; I use the term as a heuristic for the capacity to perceive connections between human activities and their range of consequences in natural and social systems.

4. Evolutionary anthropologists recognize: Esther Herrmann et al., “Humans Have Evolved Specialized Skills of Social Cognition: The Cultural Intelligence Hypothesis,” *Science* 317 (2007): 1360–1366.

第五章　碳排放量的新型算法

1. one-fifth that for trucking: Emissions for container shipping are rated at 52 grams of CO2 per ton of cargo per kilometer transported (for trucking, 252 grams; for shipment by train, 200 grams; and for air cargo, 570 grams). Tyler Colman and Pablo Päster, American Association of Wine Economists Working Paper no. 9, “Red, White, and ‘Green’: The Cost of Carbon in the Global Wine Trade,” October 2007.

2. from New Zealand: Caroline Saunders and Andrew Barber, “Comparative Energy and Greenhouse Gas Emissions of New Zealand’s and the United Kingdom’s Dairy Industry,” AERU Research Report no.

297, July 2007. It would be intriguing to see if environmental scientists at a British university would come to the same conclusions about lamb from New Zealand.

3. Long-stemmed roses: "The Good Consumer," *The Economist,* January 17, 2008, economist.com.

4. just over the Channel: Michael Specter, "Big Foot," *The New Yorker,* February 25, 2008.

5. the liquid is boiling hot: Scott Belcher, "Bisphenol-A Is Released from Polycarbonate Drinking Bottles and Mimics the Neurotoxic Actions of Estrogen in Developing Cerebellar Neurons," *Toxicology Letters,* January 30, 2008, pp. 149–156.

6. our planet's natural reserves: Soni and Parikh, "Justice for Nature."

7. pills in our medicine cabinets: Bethany Halford, "Side Effects," *Chemical and Engineering News,* February 25, 2008, pp. 13–17.

8. male minnows stopped making sperm: Karen A. Kidd et al., "Collapse of a Fish Population after Exposure to a Synthetic Estrogen," *Proceedings of the National Academy of Science* 104 (2007): 8897–8901. Even though the human body excretes these estrogen compounds in the form of a metabolite, in wastewater treatment plants bacteria cleave to the metabolite and re-create the original compound.

9. 260 excess cancer cases: Dinah Koehler et al., "Rethinking Environmental Performance from a Public Health Perspective," *Journal of Industrial Ecology* 9 (2005): 143–167.

10. terribly unsanitary conditions: Associated Press, "Probe Targets Brazilian-Ethanol Company," March 11, 2008.

11. comparing the harms from pollution: Gregory Norris, "Social Impacts in Product Life Cycles: Towards Life Cycle Attribute Assessment," *The International Journal of Life Cycle Assessment* 1 (2006): 97–104.

12. toll of Dutch shopping: Durk S. Nijdam et al., "Environmental Load from Dutch Private Consumption," *Journal of Industrial Ecology* 9 (2005): 147–168.

13. number of lethal accidents: Leif Barthel et al., Department of Life Cycle Engineering, University of Stuttgart, "Social LCA: Analogies and Differences to Environmental LCA," presentation at the Third International Conference on Life Cycle Management, Zurich, August 27–29, 2007.

14. "working seconds per process": See, for example, Cecilia Makishi et al., "Social LCA—Requirements and Needs," presentation at Life Cycle Assessment/Life Cycle Management annual meeting, October 6, 2006.

15. case of ecotourism: Norris, "Social Impacts."

第六章　绝对透明：企业生存的根本

1. lack of available information: Years after his first article proclaiming that greater information enhances efficiency, Stiglitz coauthored

another claiming that there are upper limits to how readily information can be shared, so optimal efficiency remains an elusive dream. See Sanford J. Grossman and Joseph E. Stiglitz, "On the Impossibility of Informationally Efficient Markets," *American Economic Review* (June 1980): 393–408.

2. "information asymmetry": Joseph Stiglitz, *Globalization and Its Discontents* (New York: Norton, 2002).

3. ignorance cripples market efficiency: The range of prices for an identical item, like a used car, represents the level of ignorance in a market, while sound information on prices and value lessens the amount of ignorance and by zeroing in on the fair market value of that car narrows the range of prices.

4. hampers market fairness: The insight that information matters economically allows computations of the costs of ignorance. One formula mea-sures how our personal welfare changes simply by virtue of having sound information about a product, using contaminated foods as the case in point. The equation boils down to: If we're clueless, we might buy the tainted hot dog or cat food; if we're in the know, we'll avoid it (economists, of course, state that self-evident proposition in more nuanced and technical terms). W. Foster and R. E. Just, "Measuring Welfare Effects of Product Contamination with Consumer Uncertainty," *Journal of Environmental Economics and Management* 17 (1989): 266–283.

5. even then the explicit labeling: David Mattingly, quoted in Tom Mueller, "Slippery Business," *The New Yorker,* August 13, 2007, p. 42.

6. bout of hyperactive frenzy: D. McCann et al., "Food additives increase hyperactivity in three-year-olds and in 8/9-year-old children in the community," *The Lancet* 370 (2007): 1560–1567.

7. fight over label design: M.F. Teisl et al., "Can Eco-Labels Tune a Market?," *Journal of Environmental Economics and Management* 43 (2002): 339–359.

8. "green" certification programs: See, for example, the Green Seal program, www.greenseal.org.

9. they crave information: Teisl, "Can Eco-Labels?"

10. In economic theory: Archon Fong, Mary Graham, and David Weil, *Full Disclosure: The Perils and Promise of Transparency* (New York: Cambridge University Press, 2007).

第七章　你会选购商品吗

1. shift from one brand: To be sure, subtle cues can also shift choices. But the consciously decided preference should be less vulnerable to change later on from subtle cues alone.

2. in line with your conscience: Raina Kelley, "Day 31: The End my Friend," September 21, 2007, blog.newsweek.com/blogs/freegangirl/.

3. "prime" the mind: See, e.g., John A. Bargh, "The Automaticity of

Everyday Life," in R. S. Wyer (ed.), *Advances in Social Cognition,* Vol. 10 (Hillside, NJ: Erlbaum, 1997).

第八章 微博时代的生态商

1. revolution catalyzes new forms: Clay Shirky, *Here Comes Everybody: The Power of Organizing without Organizations* (New York: Penguin Press, 2008).

2. advocate of ethical leadership: See, e.g., Bill George, *Authentic Leadership* (San Francisco: Jossey-Bass, 2003).

3. the three-star ratings: Andrew Martin, "Is It Healthy? Food Rating Systems Battle It Out," the *New York Times,* December 1, 2007, p. C3.

4. there are lots of holes: Rich Barton, interviewed in "Chat," *Wired,* December 2007, p. 267.

5. viral marketing class: Q&A with two Stanford Facebook class teams that reached 1M users in thirty days, November 25, 2007, www.insidefacebook.com.

6. more than a million: Paul Hawken, *Blessed Unrest: How the Largest Movement in the World Came into Being and Why No One Saw It Coming* (New York: Viking, 2007).

7. court-ordered shutdown: For one activist account of the Plachimada Coca-Cola plant incident: D. Rajeev, "India: Everything Gets Worse with Coca-Cola," Inter Press Service, August 22, 2005.

8. Their goal: a single standard: Ian Pearson, quoted in James Kanter, “A Low-Carbon Diet,” *International Herald Tribune,* June 7, 2007, p. 13.

第九章　你愿意购买高价的环保产品吗

1. the Fair and Square batch: Michael J. Hiscox and Nicholas F. B. Smyth, “Is There Consumer Demand for Improved Labor Standards? Evidence from Field Experiments in Social Product Labeling,” Department of Government, Harvard University, unpublished manuscript, February 2008. A similar sales bump happened when the labels were put on candles, albeit not quite so strongly.

2. eco-products cost 2 percent more: GreenBiz, “ FSC-Certified Wood Outsells Non-certified 2 to 1,” www.greenbiz.com/news, January 13, 2004.

3. socks were priced the same: Monica Prasad et al., “Consumers of the World Unite: A Market-based Response to Sweatshops,” *Labor Studies Journal* 29 (3): 57–80.

4. wine in each glass: Hilke Plassmann et al., “Marketing Actions Modulate the Neural Representation of Experienced Pleasantness,” *Proceedings of the National Academy of Sciences* 105 (2008): 1050–1054.

5. a quarter of shoppers: “The Good Consumer,” *The Economist,*

January 17, 2008, www.economist.com.

6. would pay an extra dollar: O'Rourke, "Market Movements."

7. also on the "worst" list: The ratings are at www.cosmeticsdatabase.com/browse.php?maincat=haircare, while prices were taken from Web marketing sites and retailers.

8. "green consumer" campaigns: J. Makower, "Whatever Happened to Green Consumers?," Organic Consumers Association, July/August 2000, www.organicconsumers.org/Organic/greenism.cfm.

9. little or no discernable impact: O'Rourke, "Market Movements."

10. Hannaford Brothers Company: Andrew Martin, "Store Chain's Test Concludes That Nutrition Sells," the *New York Times,* September 6, 2007, C3.

11. billion individual purchase decisions: That estimate was in a news release from Hannaford stores on September 6, 2007.

12. "Compassionate Capitalism": Stu Stein, whose student blog has disappeared (he has since graduated from Wharton), was commenting on my talk "Why Can't We All Be Good Samaritans?" at the 2007 TED conference, www.ted.com/speakers/view/id/178, in Monterey, California.

13. survey of American teenagers: A random, representative sample of 767 teens from 13 to 19 years old, mean age 14.6 years. JWT survey, "Ten Stats about Teens and the Environment," *New York,* March 2007.

第十章　良性循环：如何让卖家和买家都满意

1. came from a 1993 report: W. C. Willett et al., "Intake of Trans Fatty Acids and Risk of Coronary Heart Disease Among Women," *The Lancet* 341 (1993): 581–585.

2. already died from heart disease: F. B. Hu et al., "Dietary Fat Intake and the Risk of Coronary Heart Disease in Women," *The New England Journal of Medicine* 337 (1997): 1491–1499.

3. labeling trans fats: FDA, "Food Labeling: Trans Fatty Acids in Nutrition Labeling," *The Federal Register* 68, no. 133 (July 11, 2003).

4. dripping with the hydrogenated oil: There's more to the trans fat story, though. Dunkin' Donuts, like many other food companies that now claim their foods are "trans fat free" still includes up to half a gram of the stuff per serving. Federal regulations allow foods below the half-gram threshold to be labeled as having "zero grams" of trans fat. Associated Press, "Time to Make the Donuts . . . Healthier," *Daily Hampshire Gazette,* August 27, 2007, p. D1.

5. which ones those were: Kim Severson, "Hidden Killer," *San Francisco Chronicle,* January 30, 2002, p. 1B.

6. transparency: Fong, Graham, and Weil, *Full Disclosure.*

7. Energy use by refrigerators: A 1973 federal mandate was not implemented because by 1978, when energy standards were ready, President Reagan opposed them. Even so, the industry began increasing

energy efficiency on its own, and individual states went ahead to impose their own requirements. By 1993, a national standard was implemented by the federal government under President Clinton. David B. Goldstein, *Saving Energy, Growing Jobs* (Berkeley: Bay Tree Publishing, 2007).

8. enough bottles of a shampoo: The math: 8,500 gallons equals 1,088,000 ounces. If the bottles are 10 ounces each, that would make 108,800 bottles. The two major drugstore chains in the United States each has about six thousand stores. Each store stocks three or four units of each product (with additional stock held in the chain's distribution centers). So it takes twentyfour thousand units to fill the shelves for one product at all the stores.

9. imposing any kind of regulation: Jim Hartzfeld, quoted in Peter Senge et al., *The Necessary Revolution: How Individuals and Organizations Are Working Together to Create a Sustainable World* (New York: Doubleday Currency, 2008), p. 21.

第十一章　化学物质：你身边的隐性杀手

1. "popcorn worker's lung": Gardiner Harris, "Doctor Links a Man's Illness to a Microwave Popcorn Habit," the *New York Times,* September 5, 2007, p. A23.

2. pulling diacetyl from the mix: Associated Press, "Microwave Popcorn to Omit a Risky Chemical," the *New York Times,* September 6,

2007, p. C12.

3. should treat the news: Associated Press, "Heavy Popcorn User Ailing," *Daily Hampshire Gazette,* p. 4.

4. may pose respiratory dangers: David Michaels, *Doubt Is Their Product* (New York: Oxford University Press, 2008).

5. man-made chemical compounds: One commonly cited source for estimates of numbers of chemicals: *Guide to the Business of Chemistry, 2006 Edition* (Arlington, VA: American Chemistry Council, 2006).

6. concoctions might impact: Actually, the combinatorial possibilities are much greater. The approximately three thousand most-used chemicals, if studied in groups of three, could be combined in about 85 billion ways. Since tests of body burden have measured around two to three thousand chemicals each (far less than the 85,000+ chemicals in the federal registry) and yet have found easily one to three hundred chemicals in each person, the combinatorial possibilities are vast. And that is just the combinations of the chemicals themselves—this does not account for dose, timing, genetic individuality, concurrent infections, or other concurrent health issues, such as stress, immune impairment, and so on.

7. the brain's vulnerability: Martha Herbert et al., "Autism: A Brain Disorder, or a Disorder That Affects the Brain?," *Clinical Neuropsychiatry* 2, no. 6 (2005): 354–379.

8. environmental stress and inflammation: Martha R. Herbert et al.,

"Autism and Environmental Genomics," *Neurotoxicology* 27 (2006): 671–684.

9. endocrine disorders like diabetes : Kevin Becker, "The Common Variants/Multiple Disease Hypothesis of Common Complex Genetic Disorders," *Medical Hypotheses* 62 (2004): 309–317.

10. a tipping point: Oxidative stress and inflammation are themselves markers of allostatic load, a broader index of stress the body undergoes versus its ability to stay resilient in the face of these biological challenges.

11. worldwide study of COPD: A. Sonia Buist et al., "International Variation in the Prevalence of COPD," *The Lancet* 370 (September 1, 2007): 741–750.

12. according to an editorial: "Beyond the Lungs—a New View of COPD," *The Lancet* 370 (September 1, 2007): 740.

13. may still be safe: The complexities of environmental–physiological interactions clearly allow for safe exposure to some toxins in controlled amounts. As encountered in nature, botulin bacterium, an anaerobic toxin, sometimes called the world's most deadly poison, can paralyze and kill a person within days. But with the tiny, harmless amounts delivered in Botox injections, the targeted muscles relax for about three months, making facial wrinkles disappear. Even botulin, then, can be used safely under the right conditions.

14. methods used by toxicologists: Deborah A. Cory-Slechta,

"Studying Toxicants as Single Chemicals: Does This Strategy Adequately Identify Neurotoxic Risk?," *Neurotoxicology* 26 (2005): 491–510.

第十二章 购物的不是你，而是你的大脑杏仁核

1. Skin Deep: Skin Deep Cosmetic Safety Database, www. cosmeticdata base.com.

2. close to 90 percent: the estimate was made by the Environmental Working Group, www.cosmeticdatabase.com/research/whythismatters. php.

3. recent day I checked: July 28, 2008.

4. China-free: Food for Health, a U.S. company, announced plans to mark its products " China-free" soon after a tide of health and safety scares about goods from China. " China-free," *Time,* September 3, 2007, p. 17.

5. collection of Polly Pockets: Hannah Schardt, "Polly Pocket: Safe and Sound Toys," the *Washington Post,* September 2, 2007, p. NO6.

6. "new California wine": Brian Wansink et al., "Fine as North Dakota Wine: Sensory Expectations and the Intake of Companion Foods," *Physiology and Behavior* 90 (2007): 712–716.

7. than does good news: O'Rourke, "Market Movements."

8. chemical comes under question: For a more detailed account of the

economic and political dynamics behind scientific debates of toxicity and safety see David Michaels, *Doubt Is Their Product* (New York: Oxford University Press, 2008).

9. as applied in European countries: David Vogel, “The Hare and the Tortoise Revisited: The New Politics of Consumer and Environmental Regulation in Europe,” *British Journal of Political Science* 33 (2003): 567–568.

10. arbitrary exposure level: Toxicogists still quote Paracelsus, the ancient Greek physician: “The dose makes the poison,” meaning that some substances may be safe at low doses but harmful at higher ones, and the higher the dose the more dangerous. But that misses subtleties; with lead, for instance, even minimal levels of exposure have a negative impact on IQ, and at higher levels the added rate of IQ decline slows. Low doses can make a great difference. R. L. Canfield et al., “Intellectual Impairment in Children with Blood Lead Concentrations Below 10 Micrograms per Deciliter,” *The New England Journal of Medicine* 348, no. 16 (2003): 1517–1526.

11. lead has no effect: Richard Canfield was quoted in David Leonhardt, “Les sons Even Thomas Could Learn,” the *New York Times,* October 24, 2007, C3.

12. to protect human health: Dr. Philippe Grandjean was quoted in Marian Burros, “Studies Link Other Ills to Mercury, Too,” the *New York Times,* January 23, 2008.

第十三章　棘手的难题：谁在掏空地球资源

1. Raising the flag of doubt: See, for example, Michaels, *Doubt Is Their Product.*

2. ten thousand bottles: Alexander Cockburn, "How Coca-Cola Gave Back to Plachimada," *Counterpunch,* April 16/17, 2005.

3. to put back more water: "The Coca-Cola Company Addresses Allegations Made about Our Business in India," www.thecoca-colacompany.com/presscenter/viewpoints_India_situation.html, posted June 1, 2004.

4. a real wake-up call: Quoted in Senge et al., *Necessary Revolution,* p. 78.

5. can have a huge impact: Senge et al., *Necessary Revolution,* p. 84.

6. wastewater from Coke plants: Dane Lawrence, "Water Investment Sends Coke Back to Basics," *International Herald Tribune,* June 6, 2007, p. 7.

7. five discrete stages: Senge et al., *Necessary Revolution.*

8. Kyoto agreement target: I interviewed Len Sauers on May 27, 2008. He was interviewed in *Brandweek,* May 20, 2008.

9. CEO of Interface: Anderson, cited in Senge et al., *Necessary Revolution.*

第十四章　生态透明的新商机

1. ecological transparency software: Earthster, www.earthster.org.

2. products ranging from DVDs: John Fleming, quoted in "More Firms Focus on Climate Change," Associated Press, September 25, 2007.

3. dwarfing the harms to health: Norris, "Social Impacts."

4. huge amount of money: Ian Kemsley is quoted in G. Paschal Zachary, "Starting to Think outside the Jar," the *New York Times,* June 15, 2008, www.nytimes.com.

5. enzymes in grazing grass: Michael T. Abberton et al., "The Genetic Improvement of Forage Grasses and Legumes to Reduce Greenhouse Gas Emissions," paper prepared for the Food and Agricultural Organization of the United Nations, December 2007.

6. test for biodegradability: "Software Predicts if Chemicals Will Bio-degrade," *New Scientist,* June 9, 2007, p. 29.

7. plans for a paper plant: Allen Hershkowitz and Maya Lin, *Bronx Ecology: Blueprint for a New Environmentalism* (Washington, DC: Island Press, 2002).

第十五章　要么破产，要么使你的产品达到环保标准

1. search for ecological upgrades: Mondi is listed on both the Dow Jones and the FTSE4Good sustainability indexes as a top company in its sector.

2. infestation of drinking water: Fong, Graham, and Weil, *Full Disclosure.*

3. in tandem with auditors: Dara O'Rourke, "Monitoring the Monitors," unpublished manuscript, MIT, September 28, 2000.

4. Wal-Mart has taken steps: Thomson Financial, " Wal-Mart Reports Labor Violations," August 15, 2007.

5. made in the show factories: Alexandra Harney, *The China Price* (New York: Penguin, 2008).

6. fair treatment and wages: Bill Baue, "From Competition to Cooperation: Companies Collaborate on Social and Environmental Issues," Social Funds, January 19, 2007, www.socialfunds.com. That approach has been spreading to other business sectors; automakers including Ford, GM, and Honda have launched a similar project on socially responsible management of their supply chain.

7. too little, too late: John R. Ehrenfeld, " Eco-Efficiency: Philosophy, Theory, and Practice," *Journal of Industrial Ecology* 9 (2005): 6–8.

8. host of technological fixes: John Ehrenfeld, *Sustainability by Design* (New Haven: Yale University Press, 2008).

第十六章　关注生态与环保：你未来获得成功的砝码

1. take-make-waste: Paul Hawken, Amory Lovins, and L. Hunter Lovins, *Natural Capitalism: Creating the Next Industrial Revolution*

(Boston: Little, Brown, 1999).

2. the planet's common: Peter Barnes, *Capitalism 3.0: A Guide to Reclaiming the Commons* (San Francisco: Berrett-Koehler, 2006).

3. public health risks: Dinah A. Koehler et al., "Rethinking Environmental Performance from a Public Health Perspective: A Comparative Industry Analysis," *Journal of Industrial Ecology* 9 (2005): 143–167.

4. corporate interests above all: Joseph E. Stiglitz, *Making Globalization Work* (New York: Norton, 2006).

5. part of the cost structure: John Warner, as quoted in Mark Schapiro, *Exposed* (White River Junction, VT: Chelsea Green, 2007), p. 187.

6. financial and ecological gains: Cited in Ehrenfeld, " Eco-Efficiency."

7. "they would pay attention": The head of corporate compliance at an apparel company was quoted in Alexandra Harney, *The China Price: The True Cost of Chinese Competitive Advantage* (New York: Penguin, 2008), p. 233.

8. "they'll buy your products": Robert Reich, "No Obligations," *Condé Nast Portfolio,* January 2008.

9. millions of children: Megha Bahree, "Child Labor," *Forbes,* February 25, 2008, pp. 73–79.

10. market-based tactic: Michael Hiscox, "Fair Trade as an Approach to Managing Globalization," paper presented at the conference "Europe

and the Management of Globalization," Princeton University, February 23, 2007.

11. thirty-two times greater: Jared Diamond, "What's Your Consumption Factor?," the *New York Times,* op-ed, January 2, 2008.

12. our species has gone: McCallum, *Ecological Intelligence.*

13. Earth doesn't need healing: McCallum, *Ecological Intelligence,* p. 14.

《情商》

套装·全6册

全 新 升 级 版

EMOTIONAL
INTELLIGENCE

千万级畅销书，“情商之父”**丹尼尔·戈尔曼**
巅峰巨献！

情商：为什么情商比智商更重要

Emotional Intelligence:
Why It Can Matter More Than IQ

[美] 丹尼尔 · 戈尔曼 著

ISBN：978-7-5086-8376-8
定 价：69.00 元

ISBN 978-7-5086-8376-8

9 787508 683768

全球销量超过 10 000 000 册的《情商》作者
"情商之父"丹尼尔 · 戈尔曼成名巨作

情商 2：影响你一生的社交商

Social Intelligence:
The New Science of Human Relationships

[美] 丹尼尔 · 戈尔曼 著

ISBN：978-7-5086-8377-5
定 价：75.00 元

ISBN 978-7-5086-8377-5

9 787508 683775

社交商是一种基本生存能力，决定你的心智表现，
决定你一生的走向与成就

情商 3：
影响你一生的工作情商

Working With Emotional Intelligence

[美] 丹尼尔·戈尔曼 著

ISBN：978-7-5086-8379-9
定 价：69.00 元

ISBN 978-7-5086-8379-9

职场成功的秘诀不仅仅是知识和技能，更重要的是你的工作情商

情商 4：
决定你人生高度的领导情商

Primal Leadership:
Learning to Lead with Emotional Intelligence

[美] 丹尼尔·戈尔曼 著

ISBN：978-7-5086-8382-9
定 价：59.00 元

ISBN 978-7-5086-8382-9

打造高活力工作团队，深刻影响你的职业生涯，决定你的人生高度

情商 5：影响人类未来的生态商

Ecological Intelligence:
How Knowing the Hidden Impacts of What We Buy Can Change Everything

[美] 丹尼尔 · 戈尔曼 著

ISBN：978-7-5086-8378-2
定 价：59.00 元

ISBN 978-7-5086-8378-2

9 787508 683782 >

智商关乎一个人，情商关乎一群人，生态商关乎全人类
《时代周刊》评为“正在改变世界的十大观念”之一

情商（实践版）：新发现——从“情商更重要”到如何提高情商

The Brain and Emotional Intelligence:
New Insights

[美] 丹尼尔 · 戈尔曼 著

ISBN：978-7-5086-8380-5
定 价：49.00 元

ISBN 978-7-5086-8380-5

9 787508 683805 >

全球销量超过 10 000 000 册的《情商》作者
“情商之父”丹尼尔 · 戈尔曼最新研究成果